W0284030

FRIEDRICH LIST

TORNADO

Kampfflugzeug für Europa

FRIEDRICH LIST

TORNADO

Kampfflugzeug für Europa

GeraMond

Titelbild: Der „Tornado" ist das Ergebnis eines gemeinsamen Entwicklungsprogramms dreier Nationen. Bild: Panavia via P. Pletschacher

Seiten 2/3: Ein deutscher IDS-"Tornado" und eine britische GR.1-Maschine in Formation. Bild: PIZ Luftwaffe

Die Deutsche Bibliothek – CIP-Einheitsaufnahme

Ein Titeldatensatz für diese Publikation ist bei
Der Deutschen Bibliothek erhältlich

ISBN 3-7654-7232-8

© 2001 by GeraMond Verlag,
im Hause GeraNova Zeitschriftenverlag GmbH, D-81673 München
www.geranova.de

1. Auflage 2001

Der Nachdruck, auch einzelner Teile, ist verboten. Das Urheberrecht und sämtliche weiteren Rechte sind dem Verlag vorbehalten. Übersetzung, Speicherung, Vervielfältigung und Verbreitung einschließlich Übernahme auf elektronische Datenträger wie CD-ROM, Bildplatte usw. sowie Einspeicherung in elektronische Medien wie Bildschirmtext, Internet usw. sind ohne vorherige schriftliche Genehmigung des Verlages unzulässig und strafbar.

Lektorat: Peter Pletschacher
Layout: Willy Aschermann
Herstellung: Hubert Bertele und Team
Druck: Mladinska knjiga Tiskarna, Ljubljana
Printed in Slovenia

Vorwort

Das Mehrzweckkampfflugzeug „Tornado" bildet seit etwa zwei Jahrzehnten das Rückgrat von vier Luftstreitkräften der NATO: der britischen Royal Air Force, der Bundesluftwaffe, der deutschen Marineflieger und der italienischen Luftwaffe. Außerdem fliegen „Tornados" mit den Kennzeichen der saudischen Luftwaffe.

Die Entwicklungsgeschichte dieses Flugzeugs war von Kontroversen überschattet und beschäftigte sogar einen Untersuchungsausschuß des Bundestages. Der versuchte ohne rechten Erfolg die enorme Kostensteigerungen zu erklären, denen das „Tornado"-Programm unterlag. Als das Flugzeug dann in Dienst gestellt wurde, zeigten sich seine Qualitäten. Die Folge: Es verschwand aus den Schlagzeilen und bis zu einem gewissen Grad auch aus dem Blick der breiteren Öffentlichkeit, die den schweren Jagdbomber und Aufklärer „Tornado" auch schon mal mit einem Düsenjäger verwechselt. Wahrscheinlich trug auch das Tauziehen um die Finanzierung des „Eurofighters" in den Neunziger Jahren zu dieser etwas eigenartigen Perspektive bei.

Eigentlich unverständlich, denn das Flugzeug, dass am Anfang seiner Laufbahn als Kostenfresser geschmäht wurde, entpuppte sich als eines der sichersten Kampfflugzeuge, die die Bundeswehr bisher hatte.

Der Schwerpunkt dieser Darstellung liegt auf dem Einsatz dieser Kampfflugzeuge bei der Bundesluftwaffe und bei den Marinefliegern. Das Buch widmet sich den Einsatzrollen des Flugzeugs als Jagdbomber und Aufklärer, als Spezialflugzeug zur Bekämpfung der feindlichen Flugabwehr, und als Marine-Kampfflugzeug. Ein eigenes Kapitel behandelt Kampfflugzeuge mit vergleichbaren Aufgaben aus den USA, Frankreich und der früheren Sowjetunion. Neben der Beschreibung des Flugzeugs steht eine Schilderung des Ausbildungswegs, den die deutschen „Tornado"-Besatzungen nehmen. Auch ihr anspruchsvolles Training auf Hochwert-Übungen wie „Red Flag" auf der amerikanischen Nellis Air Force Base kommt nicht zu kurz. Auch die ersten Kriegseinsätze der Bundeswehr sind Gegenstand dieses Buches. Dort zahlte sich der hohe Trainingsstandard der „Tornado"-Besatzungen aus – auch wenn das Flugzeug in einem Szenario operierte, mit dem die Planer zu Zeiten des Kalten Krieges wohl kaum gerechnet haben.

Die Beschreibung aktueller Upgrades und neuer Waffen sowie ein Blick auf mögliche Nachfolger rundet das Buch ab.

Friedrich List

Ein „Tornado" im Tiefflug über der verschneiten Winterlandschaft. Bild: Panavia/Archiv Pletschacher

Inhaltsverzeichnis

1 *Der lange Weg zum „Tornado"* Die Entwicklung

Der erste deutsche „Tornado"-Prototyp startet in Manching zu einem Testflug. Bild: EADS

Vorgeschichte: Studien und Konzepte

Mitte der sechziger Jahre machten sich die Strategen in Europa erste Gedanken über ein Kampfflugzeug, das die Nachfolge der Lockheed F-104 G „Starfighter" antreten konnte. Außerdem änderte sich die Verteidigungsdoktrin der NATO: War es vorher das Konzept der „Massiven Vergeltung" gewesen, das konventionellen Streitkräften nur die Rolle eines Stolperdrahts zum Auslösen des nuklearen Gegenschlags zumaß, so sprach man nun von der „Flexible Response".

Diese Strategie einer elastischen Vergeltung drohte auf jeder Eskalationsstufe eines bewaffneten Konfliks mit einer angemessenen Reaktion. Sie ließ gleichzeitig offen, wie diese Reaktion aussah, und sollte die NATO möglichst unberechenbar erscheinen lassen. Damit stieg die Bedeutung der konventionellen Streitkräfte wieder.

Der Westen hob die Atomschwelle. Um aber die sowjetischen Streitkräfte wirksam aufhalten zu können, brauchte man ein Kampfflugzeug, das mit hoher Präzision Ziele hinter der Front angreifen konnte. Es würde seine Missionen auch bei feindlicher Luftüberlegenheit erfüllen müssen. Also musste es im Tiefflug angreifen, weil es nur so der starken Luftverteidigung des Warschauer Paktes entgehen konnte. Bodengestützte Radars haben durch die Erdkrümmung einen toten Winkel, in dem sich ein tieffliegender Jet verstecken kann. Und die Radars der damaligen Jäger konnten durch die vielen Bodenechos, den sogenannten „ground clutter", ein Flugzeug im Tiefflug nur schwer orten.

Eines der ersten Projekte war das deutsch-amerikanische AWS oder „Advanced V/STOL Weapon System" aus der Mitte der sechziger Jahre. Dieses Flugzeug hatte bereits entfernte Ähnlichkeit mit dem „Tornado": Es war ein Senkrechtstarter mit Schwenkflügeln und zwei Triebwerken. Unter den vorspringenden Flügelwurzeln sorgten zwei ausfahrbare Hubtriebwerke für vertikalen Schub. AWS wurde 1967 aufgegeben. Die gewonnenen Erfahrungen flossen in die NKF-Studie ein, ein Konzept für das „Neue Kampfflugzeug" der achtziger Jahre. Das NKF sollte viele Aufgaben vom Luftangriff bis zur Abfangjagd erfüllen. Aber es kam über das Attrappenstadium nicht hinaus.

In Großbritannien entstand in den sechziger Jahren die BAC TSR 2, ein allwetterfähiger

Die Testpiloten Nils Meister (links) und Paul Millet (rechts) nach dem erfolgreichen „Tornado"-Erstflug am 14. August 1974. Bild: EADS

Bomber für Tiefflugeinsätze. Das Programm führte zu mehreren Prototypen, wurde aber aus finanziellen Gründen eingestellt. Eine britisch-französische Zusammenarbeit zum Bau eines Schwenkflügeljägers scheiterte, weil sich die British Aircraft Corporation und Dassault nicht einigen konnten. Die französische Regierung unterstützte schließlich den Bau der Mirage G.

1968 entschieden sich die Luftwaffenchefs von Belgien, der Bundesrepublik Deutschland, Italien, Kanada und den Niederlanden dafür, eine gemeinsame militärische Forderung für einen „Starfighter"-Nachfolger zu formulieren. Dieser Nachfolger sollte damals verwendete Jäger, Jagdbomber und Aufklärer ersetzen. Im Mai 1968 trafen sich die Vertreter dieser Staaten zu einer Konferenz in Rom. Sie einigten sich auf ein gemeinsames Entwicklungsprogramm für ein neues Mehrzweckkampfflugzeug – das „Multi Role Combat Aircraft" (MRCA) 75. Auch Beobachter der Royal Air Force waren nach Rom gereist. Drei Monate später wollte sich auch Großbritannien am MRCA beteiligen. Also unterzeichneten die Bundesrepublik, Großbritannien, Italien und die Niederlande ein „memorandum of understanding" zum Bau des MRCA. Allerdings schieden Belgien, Kanada und die Niederlande wieder aus dem Programm aus.

Die drei übrigen Partner einigten sich auf gemeinsame militärische Forderungen an den neuen Jet. 1969 gründeten sie in München die Panavia Aircraft GmbH zur industrieseitigen Systemführung. Panavia Aircraft ist eine Tochter von British Aircraft Corporation (heute British Aerospace), Fiat, Fokker und Messerschmitt-Bölkow-Blohm (heute EADS). Auch ein neues Triebwerk wurde auf den Weg gebracht: Das Rolls-Royce R.B.199. Die Entwicklung übernahm die Turbo Union Ltd mit Sitz in Filton, ein Tochterunternehmen von Fiat, Rolls-Royce und MTU. Der dritte Hauptauftragnehmer war IWKA-Mauser. Das Unternehmen sollte eine neue 27mm-Bordkanone liefern. Die Arbeitsteilung zwischen den drei Partnerländern entspricht ihren Anteilen an Panavia und an der Zahl der Flugzeuge: Je 42,5 Prozent für die damalige British Aircraft Corporation und für MBB, 15 Prozent für Fiat. In Deutschland sollten Rumpfmittelteil und der dazugehörige Flügelkasten sowie die Schwenklager und die starren Innenflügel entstehen. Die britische Industrie wurde mit der Herstellung von Rumpfvorderteil, Cockpit, Heck einschließlich Höhen- und Seitenruder beauftragt. Fiat stellte die Schwenkflügel her.

Die drei Unternehmen erhielten ihre Aufträge von NAMMA, dem NATO MRCA Development and Production Management Agency. NAMMA ist das ausführende Organ für das politische Steuerungsgremium des „Tornado"-Programms, die NAMMO oder NATO MRCA Management and Production Management Organization.

Ein neues Kampfflugzeug entsteht

Die Entwicklungsphase begann im Mai 1970. Erste Konzepte hatten eine Panavia 100 als Einsitzer für Italien und Deutschland und die Panavia 200 als Zweisitzer für Großbritannien ins Auge gefasst. Am Ende einigten sich die Partner auf die Panavia 200. Aus der Panavia 100 wäre ein einsitziger Jäger mit Schwenkflügeln entstanden – vergleichbar der sowjetischen MiG-23 „Flogger" oder der französischen Mirage G, einer F-1 mit Schwenkflügeln.

Das neue Flugzeug hieß zunächst „Panther". Auf den Namen „Tornado" einigten sich die Luftwaffen der drei Länder 1976, nachdem sie die Ergebnisse der Flugerprobung überprüft und ihren Regierungen empfohlen hatten, mit der Produktion zu beginnen. Es sollte bei der Bundeswehr die F-104 ersetzen, bei der italienischen Luftwaffe die F-104 und die F-84F, bei der Royal Air Force die E.E. „Canberra", die Hawker Siddeley „Buccaneer" und den strategischen Bomber Avro „Vulcan". Außerdem brauchte die RAF eine Jägervariante, die spezi-

Der erste „Tornado"-Prototyp bei einem Erprobungsflug. Bild EADS

ell die britischen Inseln gegen sowjetische Mittelstreckenbomber schützen konnte. Die Bundeswehr hatte anfänglich 700 Maschinen beschaffen wollen, dann aber diese Zahl auf knapp die Hälfte reduziert.

Mit dem Bau des ersten Prototypen begann man 1970. Der Flug des ersten Prototypen war für 1973 geplant, musste aber wegen Verzögerungen bei der Entwicklung des Triebwerks auf 1974 verschoben werden. Die Maschine startete am 14. August 1974 in Manching zu ihrem Erstflug. An den Kontrollen saßen der britische Testpilot Paul Millet und Nils Meister, damals Cheftestpilot bei Messerschmitt-Bölkow-Blohm.

Das neue Flugzeug war 33 Minuten in der Luft. Testpilot Paul Millet bescheinigte dem Jet ausgezeichnete Flugeigenschaften. In schneller Folge nahmen auch die weiteren Prototypen ihre Erprobung auf. Der erste englische „Tornado"-Prototyp startete am 20. Oktober 1974, der erste italienische am 5. Dezember 1975. Die drei Partnerunternehmen bauten neun Prototypen und sechs Vorserienmaschinen.

Das Testprogramm zeigte kleinere Mängel auf. So hatte das neue Triebwerk Probleme beim Öldruck und bei den Triebwerksschaufeln. Die waren in den ersten Turbinen nicht fest genug. Also konnten die ersten „Tornados" nicht bis in den Bereich von Mach 2,2, der rechnerischen Höchstgeschwindigkeit vorstoßen. An der Zelle mussten kleinere Änderungen vorgenommen werden. Der Flossenabschluss unter dem Seitenruder wurde verstärkt und aufgedickt. Anfangs befand sich unter dem Ruder eine Aussparung. Nun schloss die Flosse glatt mit dem Ruder ab.

Dafür funktionierte die neue Avionik ohne Probleme. Die Flugeigenschaften gerade im schnellen Tiefflug wurden als positiv beurteilt. Auch im Langsamflug zeigte sich der neue Kampfjet gutmütig: „Die Eigenschaften im Landeanflug sind geradezu perfekt. Das Flugzeug fliegt buchstäblich von alleine auf dem Gleitpfad wie auf Schienen", sagte Testpilot Paul Millet gegenüber der Presse.

1976 fiel die positive Entscheidung über die Produktion: Deutschland beschaffte 322 Flugzeuge, davon 122 für die Marineflieger und 200 für die Luftwaffe. Großbritannien entschied sich für 220 „Tornado"-Jagdbomber und 165 Jäger. Italien ersetzte seine „Starfighter"-Jagdbomber durch 100 der neuen Kampfflugzeuge.

Der neue Jagdbomber

Der „Tornado" ist ein zweistrahliger Schulterdecker mit Schwenkflügeln. In Start- und Landestellung haben die Flügel eine Pfeilung von 25 Grad, in der Stellung für hohe Geschwindigkeit 68 Grad. Die Höchstgeschwindigkeit liegt bei Mach 2,2 in 11.000 Metern Höhe. In Bodennähe erreicht der Kampfjet eine Geschwindigkeit von Mach 1,1. Der Aktionsradius liegt bei 1.200 Kilometern, die Überführungsreichweite bei 4.830 Kilometern. Ein „Tornado" kann eine Waffenlast von maximal 8.200 Kilogramm tragen. Ein RB-199-Triebwerk liefert ohne Nachbrenner 40 kN Schub, mit Nachbrenner 71 kN.

Der „Tornado" war das erste militärische Serienflugzeug mit elektronischem Steuersystem (fly-by-wire). Die Steuerbewegungen des Piloten an Knüppel und Ruderpedalen werden als digitales Signal an die Stellmotoren in Tragflächen, dem Seitenleitwerk und für die beiden Tailerons oder Höhenruder weitergeleitet. Alle Leitungen sind dreifach vorhanden, um den Ausfall eines Netzes aufzufangen. Die Bordcomputer steuern selbst nach:

„Tornado"-Prototyp Nr. 1 hebt zu einem weiteren Flug ab. Im Hintergrund ein "chase-plane" vom Typ Fiat G-91T. Bild: EADS

Das „Command Stability Augmentation System" (CSAS) gleicht Böen aus und sorgt auch dann für eine sichere Handhabung, wenn das Flugzeug mit Waffenlast fliegt. Das CSAS besteht aus dreifach vorhandenen Kreiselplattformen, die jeweils mit zwei Computern zusammenarbeiten. Ein Computer überwacht Auf- bzw. Abwärtsbewegungen, der andere Gier- und Rollbewegungen. Falls das System ausfällt, kann die Besatzung das Flugzeug mit einer konventionellen Steuerung landen.

Kernstück des Waffensystems „Tornado" ist ein integriertes elektronisches Navigationssystem, das mit einer Trägheitsnavigationsplattform und einem automatischen Waffenauslösegerät gekoppelt ist. Das Flugzeug kann unabhängig von vorbereiteten Flugstrecken operieren und seine Ziele im Tiefflug und bei fast jedem Wetter finden. Die Avionik orientiert sich dabei an Flugdaten, die vor dem Start ins System eingegeben wurden. Im Flug kann die Besatzung je nach Erfordernissen neue Daten festlegen und sich neue Ziele suchen.

Unter der Bugspitze tasten zwei Radargeräte die Umgebung vor dem Flugzeug ab. Das Bodenbildradar (Ground Mapping Radar oder

GMR) ist der Hauptsensor für die Navigation im Blindflug, das Auffassen von Zielen und die Identifizierung von Navigationspunkten. Es liefert die Entferungsdaten für den Waffenrechner. Außerdem kann es Luftziele erfassen und verfolgen.

Das Geländefolgeradar (Terrain Following Radar oder TFR) sucht den Weg des tieffliegenden Flugzeugs nach Hindernissen ab. Es sieht auch sieben Grad nach links und rechts. Das Radar liefert die Sensordaten für das automatische Geländefolge-System. Es sorgt dafür, dass ein „Tornado" bei hoher Geschwindigkeit im Tiefflug den Geländekonturen folgen kann. Das System hat zwei Betriebsarten: Vollautomatisch mit Autopilot, so dass der Pilot den Flug nur überwachen muss, und manuell. Im manuellen Tiefflug richtet sich der Pilot nach vom System gelieferten Flugführungsanzeigen im Cockpit.

Der Computer des Geländefolge-Systems erzeugt eine virtuelle Sicherheitsbarriere vor dem Flugzeug. Die hat etwa die Form eines Skis. Durchstößt ein Berg diese gedachte Barriere, lässt der Computer das Flugzeug steigen. Das System orientiert sich dabei an einer vorgegebenen Höhe über Grund. Die niedrigste Höhe liegt bei 60 Metern, die maximale Höhe bei 500 Metern.

Mit der anspruchsvollen und komplexen Bordelektronik betrat die europäische Luftfahrtindustrie Neuland. Nur BAC hatte durch die eingestellte TSR 2 bereits Erfahrungen mit derartigen Systemen. Wie präzise die Avionik arbeitet, zeigen zwei Ereignisse aus der Erprobung. Eine Testbesatzung der Marine flog mit ihrer Maschine nur nach den eingespeicherten Navigationsdaten einen Zickzack-Kurs von Manching zur Nordsee und wieder zurück. Vor der Landung kam das Kampfflugzeug nur 20 Meter neben der Piste aus den Wolken über dem Flugplatz. Als ein Panavia-Testpilot

Der vierte „Tornado"-Prototyp fährt seine Luftbremsen aus.

Unten: Der zweite „Tornado"-Prototyp bei einem Erprobungsflug mit Zusatztanks und Bombenlast. Bilder: EADS

„Tornado"-Prototyp Nr. 4 kurz vor dem Start. Bild: EADS

im automatischen Tiefflug den Bodensee überflog, stieg das Flugzeug plötzlich in die Höhe. Nach der Landung suchten die Techniker vergeblich nach einem Fehler. Des Rätsels Lösung: Ein „Starfighter" hatte in 300 Metern Höhe den Kurs der Maschine gekreuzt und den Bordcomputer zum Ausweichen veranlasst.

Der „Tornado" kann von schlecht vorbereiteten oder beschädigten Pisten aus operieren. Auch Einsätze von nur mit Treibstoff und Munition versehenen Flugplätzen sind möglich. Durch die Schubumkehr beider Triebwerke und einen Fanghaken kommt der Jet im Extremfall bei der Landung mit 400 Metern Piste aus. Mit gezündeten Nachbrennern schafft er auch einen Kurzstart: Dann hebt der Jet mit einer typischen schweren Bombenlast bereits nach sechshundert Metern ab und übersteigt nach 900 Metern ein etwa 20 Meter hohes Hindernis.

Ein eigenes Stromaggregat, die Auxiliary Power Unit, macht das Flugzeug unabhängig von externen Energiequellen. Es wird mit einer Batterie gestartet und verbrennt Flugzeugtreibstoff. Die APU liefert Strom zum Anlassen der Triebwerke, für die Hydraulik und die elektrischen Systeme. Mit ihm kann das Flugzeug in Alarmbereitschaft stehen oder von der Besatzung auf seine Einsatztauglichkeit überprüft werden. Komponenten wie Lichtmaschine, Hydraulikpumpen und Benzinpumpen sind doppelt vorhanden. Wenn ein Triebwerk ausfällt, treibt das intakte auch den Generator und die Pumpen des anderen Triebwerks an. Außerdem kann das laufende Triebwerk das stillstehende Triebwerk wieder starten.

Alle wichtigen Systeme verfügen über Selbst-Diagnosefähigkeit. Außerdem sind sie in sogenannten „black boxes" untergebracht, die ohne spezielles Werkzeug ausgewechselt werden können. Entdecken die Überwachungsroutinen eine defekte „black box", kann das Bodenpersonal die Komponente durch eine funktionsfähige „box" ersetzen.

Während der Einführungsphase des „Tornados" zeigte sich die Qualität der Sicherheitsvorkehrungen. 1982 brannte ein „Tornado" der Ausbildungskomponente in Erding im Flug halb aus. Die Besatzung konnte ihre Maschine sicher landen. Wäre das eine F-4 oder eine F-104 gewesen, hätten die Flieger nur noch abspringen können.

Während die Erprobung die Qualitäten des neuen Kampfflugzeugs zeigte, entbrannte wegen der steigenden Preise eine erbitterte politische Auseinandersetzung.

Der Untersuchungsausschuss

Die ersten Produktionsverträge wurden 1976 unterschrieben. Drei Jahre später liefen die ersten Serienmaschinen vom Band. Nach Anlaufen der Produktion galt das Prinzip „Fly before buy". Ein Flugzeug wurde erst bezahlt, als es fertig vor der Halle stand. Leider geriet die britische Luftfahrtindustrie mit der Lieferung ihrer Komponenten in den Rückstand. Monatelange Streiks während der Jahre 1977 und 1978 lähmten die Produktion. British Aerospace baute zuwenig Hecks und Vorderrümpfe. Also konnten auch weniger Maschinen an die drei Luftstreitkräfte ausgeliefert werden als ursprünglich bestellt waren. Die Verteidigungsministerien mussten also auch weniger bezahlen. Im deutschen Wehretat von 1978 waren deshalb 350 Millionen Mark übrig.

Nun verbietet aber das deutsche Haushaltsrecht, die Überschüsse eines Haushaltsjahres ins nächste zu übernehmen. Die Verantwortlichen im Verteidigungsministerium kürzten also 1979 die Mittel für die „Tornado"-Produktion der beiden folgenden Jahre. Sie glaubten nicht, dass die Engländer ihren Produktionsrückstand schnell aufholen würden. Doch genau das geschah. Das „Tornado"-Programm lief plötzlich wieder nach Plan, und das deutsche Verteidigungsministerium sah sich plötzlich mit zusätzlichem Finanzierungsbedarf konfrontiert.

Der damalige Bundesfinanzminister Matthöfer wollte aber seinem Ministerkollegen

„Tornado"-Prototyp Nr. 3 übernimmt Treibstoff von einem Handley Page „Victor" K. 1-Tanker der RAF. Bild: Panavia Aircraft via Peter Pletschacher

Apel kein zusätzliches Geld geben, um mit der Unterdeckung und dem Mehrbedarf fertig zu werden. Er lehnte Steuererhöhungen oder Neuverschuldungen ab. Also musste die Bundeswehr andere Beschaffungsvorhaben strecken und durch Einsparungen Geld für ihr neues Kampfflugzeug beschaffen. Allerdings wurde das Problem nicht kleiner, sondern größer. Der „Tornado" gefährdete andere Beschaffungsvorhaben. Das ganze Programm kostete nun so viel wie die 1800 neuen Leopard II-Kampfpanzer des Heeres.

1980 hatte die Industrie ihren Produktionsrückstand aufgeholt und verlangte 1,8 Milliarden Mark – 600 Millionen mehr als eingeplant. Für die Jahre 1982 und 1983 fehlten bei der „Tornado"-Produktion 1,3 Milliarden Mark. Ein Teil der Kosten wurde durch inflationsbedingte Währungsschwankungen verursacht. Aber der Preis für das Flugzeug selbst war auch gestiegen: Erst sollte eine Maschine 15 Millionen Mark kosten, dann erwartete man einen Stückpreis von 25 Millionen.

Nun hat ein Kampfflugzeug drei Preise: Der „Fly-away"-Preis entspricht etwa dem Grundpreis beim Autokauf. So viel kostet ein flugfähiger Jet. Der Gerätestückpreis entsteht aus dem Fly-Away-Preis, den Kosten für die Serienvorbereitung und der Mehrwertsteuer. Zur Serienvorbereitung gehört alles, was die Industrie braucht, um mit der Serienproduktion eines Flugzeugs beginnen zu können – der Bau von Produktionsanlagen, Maschinen und Spezialwerkzeugen. Auf den Gerätestückpreis wird der Systemzuschlag geschlagen. Der liegt nicht mehr in der Verantwortung der Industrie, sondern in diesem Fall bei der Bundeswehr. Er besteht aus den Kosten für die nötige Infrastruktur, der Ausbildung von Besatzungen und Bodenpersonal, dem Erarbeiten aller notwendigen technischen Dokumentationen und dem Kauf und der Lagerung von Ersatzteilen.

Nach den Preisen von 1981 lag der Fly-Away-Preis für einen „Tornado" bei 35,26 Millionen Mark. Der Gerätestückpreis betrug 67,36 Millionen Mark. Den Systemzuschlag eingerechnet kostete ein „Tornado" 1982 etwa 90,75 Millionen Mark. Dieser Preis kletterte schnell über die 100-Millionen-Grenze. Ende 1982 lag er bei 110 Millionen Mark. Damit lagen die Kosten für das Gesamtprogramm von 322 Flugzeugen bei etwas mehr als 35 Milliarden Mark. Zusätzlich trieb die bei Rüstungsgütern überdurchschnittlich hohe Inflation die Kosten weiter in die Höhe. Damals betrug sie um die 10 Prozent.

Diese Kostenexplosion wurde in Deutschland zum Politikum. Im Frühjahr 1981 konstituierte sich der Verteidigungsausschuss des Bundestages als Untersuchungsausschuss. Er versuchte ohne rechten Erfolg, Verantwortliche für das Desaster zu finden. Die damalige CDU-Opposition nutzte im Zeichen des Bundestagswahlkampfes den Ausschuss überdies als Plattform für Attacken auf Verteidigungsminister Hans Apel. Abgeordnete der damals regierenden Koalition aus SPD und FDP beschäftigten sich mit der Frage, ob der „Tornado" verteidigungspolitisch überhaupt sinnvoll sei. Bei den Vernehmungen zeigte sich das Bild eines Ministeriums, dass mit seinen komplexen Steuerungsaufgaben nicht wirklich zurecht kam.

Das Rumpfmittelteil war die deutsche Hauptbaugruppe für den „Tornado". Hier ein Blick in die Fertigungshalle in Augsburg. Bild: EADS via Peter Pletschacher

Dabei hatte es an Warnungen nicht gefehlt. Bereits 1978 machte der Bundesrechnungshof in seinem jährlichen Bericht auf die steigenden Kosten aufmerksam. Auch Verantwortliche im Ministerium warnten 1979 und 1980 vor einer sich öffnenden Finanzierungslücke. Auf der Führungsebene des Ministeriums kamen diese Warnungen jedoch nicht an. Wann Verteidigungsminister Apel von den Problemen erfuhr, konnte der Ausschuss nicht klären. Der Ausschuss war auch nicht in der Lage, Verantwortliche für die blamable Situation zu finden. Apel musste bei der Schlussdebatte Missstände in der Verwaltung seines Ministeriums einräumen und zugeben, dass die Managementstrukturen des Programms nicht ausgereicht hatten, um die Kostenentwicklung unter Kontrolle zu behalten.

Ironischerweise war der „Tornado" im internationalen Vergleich durchaus nicht überteuert. 1982 boten die Amerikaner die weniger leistungsfähige F-18 für einen fly-away-Preis von umgerechnet 55 Millionen Mark an.

Gegenwart und Zukunft der Luftwaffe in den achtziger Jahren: Einer der ersten Serien-„Tornados" steht zwischen einer F-4F und einer F-104. Bild: EADS via Peter Pletschacher

Der „Tornado" F. Mk 3 der RAF ist ein Langstreckenjäger mit „Sidewinder"- und „Sky Flash"-Raketen sowie einem „Foxhunter"-Radar im Bug. Bild: British Aerospace via Peter Pletschacher

Das Flugzeug bewährt sich

Als die ersten „Tornados" zu den Einsatzverbänden kamen, verstummte die Kritik nach und nach. Die erste Serienmaschine erlebte ihren Roll-out im Juni 1979. Im gleichen Jahr unterzeichneten Vertreter der drei Partnerländer ein memorandum of understanding über die Einrichtung eines gemeinsamen Trainingszentrums. Im englischen Cottesmore entstand das „Trinational Tornado Training Establishment" (TTTE).

Es nahm 1980 seinen Betrieb auf und bildete bis zu seiner Schließung im März 1999 deutsche, englische und italienische Besatzungen aus. Das TTTE verfügte über 29 „Tornado"-Trainer mit Doppelsteuer und zwei Flugsimulatoren. Ungefähr 200 Waffensystem-Offiziere und Piloten durchliefen die Ausbildung jedes Jahr. Ein Kurs dauerte 13 Wochen. Er begann mit einer vierwöchigen Theoriephase, auf die neun Wochen Flugtraining folgten. Piloten flogen 35 Stunden, um das Flugzeug und die taktischen Grundlagen seines Einsatzes kennen zu lernen. Nach fünfzehn Flügen setzten sie ihre Ausbildung im Team mit einem WSO fort. Nach Ende des Kurses setzten die jungen Besatzungen ihre Ausbildung in einem nationalen Schulungsverband fort. Außerdem bildete das TTTE Fluglehrer aus und führte Auffrischungskurse für „Tornado"-Flieger durch, die ihr Flugzeug längere Zeit nicht geflogen hatten.

1982 erhielten die ersten Kampfverbände ihre Maschinen: Das Marinefliegergeschwader 1 in Jagel, die 9. Staffel der RAF und die 6 Stormo der italienischen Luftwaffe. Trotz einiger Abstürze stellte sich der neue Jet als sehr sicheres Flugzeug heraus. Bei Kampfflugzeugen bewertet man die Sicherheit nach der Zahl der Unfälle pro 10.000 Flugstunden. 1984 lag der „Tornado" noch unter dem Faktor 1, während Flugzeuge wie die F-16 damals etwa bei 2 Unfällen pro 10.000 Flugstunden lagen. Allerdings rächte sich die Sparsamkeit bei den Ersatzteilen.

Mitte der achtziger Jahre bot sich auf den Fliegerhorsten ein Bild, wie es sich bei Budgetproblemen in den folgenden Jahrzehnten wiederholen sollte: Ein Teil der Flugzeuge wurde abgestellt und ausgeschlachtet, um den Rest flugfähig zu halten. Mit der Wirksamkeit des Waffensystems war die Luftwaffe zufrieden: 2 „Tornados" reichten aus, um einen Flugplatz zu zerstören, ein Auftrag, für den vorher 50 bis 60 „Starfighter" notwendig gewesen wären.

Im März 1984 startete der erste britische „Tornado"-ADV (Air Defence Variant) zum Erstflug. Der „Tornado" ADV-Jäger ist eine Ableitung aus dem Jagdbomber mit einem „Foxhunter"-Luft/Luftradar, neuer Avionik und automatischer Flügelverstellung. Er hat nur eine 27 mm-Kanone und kann maximal vier „Sidewinder"-Raketen und vier radargesteuerte „Skyflash"-Lenkwaffen tragen. Das Flugzeug ist kein Luftüberlegenheitsjäger, sondern bekämpft seine Ziele aus größerer Entfernung mit „Skyflash"-Raketen. Außerdem kann es über Datalink andere Jäger führen – beispielsweise eine mit „Sidewinder"-Raketen bestückte „Hawk" T.1.

Sonderwege und Exporte

Das Konzept der trinationalen Vereinheitlichung wurde durch den einen oder anderen Sonderweg aufgeweicht. Die RAF rüstete ihre IDS-"Tornados" mit einem Laserentfernungsmesser unter dem Bug aus. Eine spezielle Aufklärerversion, der „Tornado" GR 1A, hat anstelle der Bordkanonen einen Infrarot-Zeilenabtaster unter dem Bug und zwei nach jeder Seite blickende Infrarotkameras an Bord.

Als erster deutscher Kampfverband erhielt das MFG 1 ab Juli 1982 den neuen Jet. Hier passiert eine „Tornado"-Rotte die Insel Helgoland. Bild: Marinefliegergeschwader 2

Unten: Ein italienischer „Tornado" über den Alpen. Auch die italienische Luftwaffe stellte 1982 die ersten Maschinen in Dienst. Bild: Panavia via Peter Pletschacher

So sahen die ersten Studien für die ECR-„Tornados" aus. Bild: EADS via Peter Pletschacher

Während die Marineflieger und die italienische Luftwaffe die „Kormoran"-Lenkwaffe zur Bekämpfung von Schiffszielen verwenden, stattete die RAF ihre beiden Marineangriffsstaffeln mit „Sea Eagle"-Flugkörpern aus. Elektronische Gegenmaßnahmen übernimmt bei der RAF der „Sky Shadow"-Behälter; Luftwaffe und Marineflieger erhielten nach einer problematischen Entwicklungsphase den „Cerberus"-Behälter. Zur Bekämpfung von Flugabwehr-Radars verwendet die RAF mit „ALARM"-Lenkwaffen ausgerüstete „Tornados", während Deutschland und Italien die Entwicklung einer spezialisierten Variante ansteuerten.

1985 entschied sich die Luftwaffe zum Kauf von 35 ECR-"Tornados" zu einem Preis von 3,3 Milliarden Mark. Das Flugzeug sollte mit einem Peilsystem feindliche Radarstellungen orten und mit Infrarotsensoren getarnte Truppenteile und ihre Fahrzeuge aufspüren. Zur Bekämpfung von Radaranlagen sollten die Flugzeuge mit amerikanischen AGM-88-HARM (High Speed Anti Radiation Missile)-Raketen ausgerüstet werden. Auch die italienische Luftwaffe beschaffte ECR-"Tornados". Allerdings ließ sie für diese Mission 16 Jagdbomber umbauen, während die Luftwaffe zusätzliche Flugzeuge kaufte. Im Mai 1990 erhielt die Luftwaffe ihre erste ECR-Maschine.

Panavia bot das Kampfflugzeug auch international an. So beteiligte sich das Unternehmen an der amerikanischen Ausschreibung für einen „Enhanced Tactical Fighter", der die älteren F-111-Mittelstreckenbomber ersetzen sollte. Allerdings bekam die amerikanische F-15E den Zuschlag.

Der einzige Exportauftrag kam aus Saudi-Arabien und führte prompt zu den in Deutschland wohl unvermeidlichen prinzipiellen Kontroversen über Rüstungsexporte in Spannungsgebiete. Aber da der Auftrag im Rahmen einer Vereinbarung zwischen Großbritannien und dem nahöstlichen Königreich abgewickelt wurde, ließ sich der Anspruch politischer Korrektheit aufrechterhalten. 1985 unterzeichneten britische und saudische Regierungsvertreter ein „memorandum of understanding" über die Lieferung von 48 IDS-"Tornados" und 24 ADV-Maschinen. Diese Flugzeuge entsprachen den für die RAF gebauten Maschinen. Zum damaligen Zeitpunkt war das der größte, jemals erteilte Exportauftrag für die britische Industrie. Er hatte ein Volumen von etwa 5 Milliarden Pfund Sterling und enthielt neben den Flugzeugen auch Training und logistische Unterstützung. Außerdem lieferte British Aerospace „Hawk"-Trainer und gemeinsam mit Pilatus hergestellte PC-9-Übungsflugzeuge. 1988 kaufte Saudi-Arabien weitere 48 „Tornados". Im September 1998 übernahm die saudische Luftwaffe ihre letzten Maschinen. Damit endete nach 974 Flugzeugen die „Tornado"-Produktion.

Mitte der neunziger Jahre brauchte die italienische Luftwaffe ein Ersatzmuster für ihre älteren F-104 S „Starfighter"-Abfangjäger. Da sich die Entwicklung des „Eurofighters" verzögerte, leaste sie 24 „Tornado"-Jäger von der Royal Air Force.

Zur gleichen Zeit begannen die Planungen für Modernisierungen. Im Juli 1994 schlossen das britische Verteidigungsministerium und British Aerospace einen Vertrag über die Nachrüstung der RAF-Maschinen. Die GR.1-Bomber werden bis 2002 auf den GR.4-Standard gebracht. Dieser Standard umfasst verbesserte Nachtsichtgeräte für die Besatzung, ein nach vorne gerichtetes Infrarot-Sichtgerät, integriertes GPS und leistungsgesteigerte Triebwerke. Der Waffenrechner wird modernisiert, damit die Flugzeuge Marschflugkörper und neue Lenkwaffen einsetzen können. Die „Tornado" F.3-Jäger erhalten radargesteuerte AIM-120 AMRAAM-Lenkwaffen und die hitzesuchende Advanced Short Range Air-to-Air Missile (ASRAAM). Sie bekommen außerdem ein neues Trägheitsnavigationssystem und integriertes GPS. Die RAF stellte 1998 ihren ersten GR.4-Bomber in Dienst. Inzwischen fliegen auch die ersten modernisierten „Tornado"-Jäger.

1995 vereinbarten die NATO-Programmagentur NAMMA und Panavia die Entwicklung neuer Software für die deutschen und italienischen „Tornados". Die neue Software macht die Integration einer neuen Waffengeneration möglich. In der ersten Phase dieser Nachrüstung wird ein leistungsfähigerer Hauptcomputer eingebaut. Der Hauptcomputer hat eine größere Speicherkapazität und verarbeitet die anfallenden Daten schneller. Außerdem stellt EADS die Avionik der Kampfflugzeuge auf die neue Programmsprache ADA um.

Zur Zeit gibt es also trotz großer logistischer Gemeinsamkeiten eine britische und eine kontinentaleuropäische „Tornado"-Familie. Erst zukünftige Nachrüstungen werden die Kampfflugzeuge der verschiedenen Luftstreitkräfte wieder stärker vereinheitlichen. Nationale Lösungen wie eigene Aufklärungsbehälter, Lenkwaffen oder ECM-Störbehälter wird es weiterhin geben.

Ein „Tornado"-Bomber der RAF über den Wolken.
Bild: Panavia via Peter Pletschacher

TORNADO IDS

1 Radome pilot static probe
2 Ffr radar antenna
3 Forward avionic bay including
- Inertial navigation plattform
- Doppler
- Tacan
- HUD unit
- Main computer
- IFF
- SAHR
- Battery charger
- Camera control unit
- Enviroment control unit
- SCAN converter
- Triplex tansducer unit

4 Battery
5 Nose landing gear
6 Twin nosewheels
7 Battery bus bar
8 Transformer rectifier unit (TRU) 1
9 Air intake ramp control unit
10 Electric (AC) contactor 1
11 27 mm Mauser gun
12 Generator control unit
13 Liquid oxygen converter
14 Secondary heat exchanger for environmental control system
15 Variable air intake ramps
16 High lift wing sweep control unit
17 Wing sweep actuator
18 Auxiliary air intake doors
19 Wing carry through box
20 Krueger flap
21 External fuel tank
22 Inboard wing pylon
23 Wing pylon leverage system and linkage
24 Slat drive
25 ECM pod
26 Outborard wing pylon
27 Flap drive
28 Left-hand generator
29 Left-hand hydraulic pump
30 Inflatable air bags
31 Taileron actuator
32 Left-hand taileron (honeycomb structure)
34 GMR antenna (ground mapping radar antenna)
35 IFF antenna
36 Inflight refuelling probe, extended (detachable)
37 Windscreen (hinged)
38 Right-hand instrument panel, pilot
39 Martin Baker MK 10A ejection seats
40 Canopy
41 UHF homer antenna
42 Full span leading edge slats
43 Obstruction light
44 Spoilers
45 Full span double slotted trailing edge flaps
46 Upper anti-collision light
47 APU (auxiliary power unit)
48 Right-hand generator
49 HF/SSB antenna
50 Right-hand hydraulic pump
51 Cross drive shaft
52 Primary heat exchanger inlet
53 Primary heat exchanger for environmental control system
54 Airbrakes
55 RB 199 engine
56 Right-hand taileron
57 Radar warning receiver unit
58 Fin tip incl. VHF/UHF aerial
59 Radar warning receiver unit
60 Obstruction/navigation light
61 Fuel vent
62 ILS G/S and localizer aerial
63 Rudder
64 Rudder actuator
65 Thrust reverser bucket (deployed)

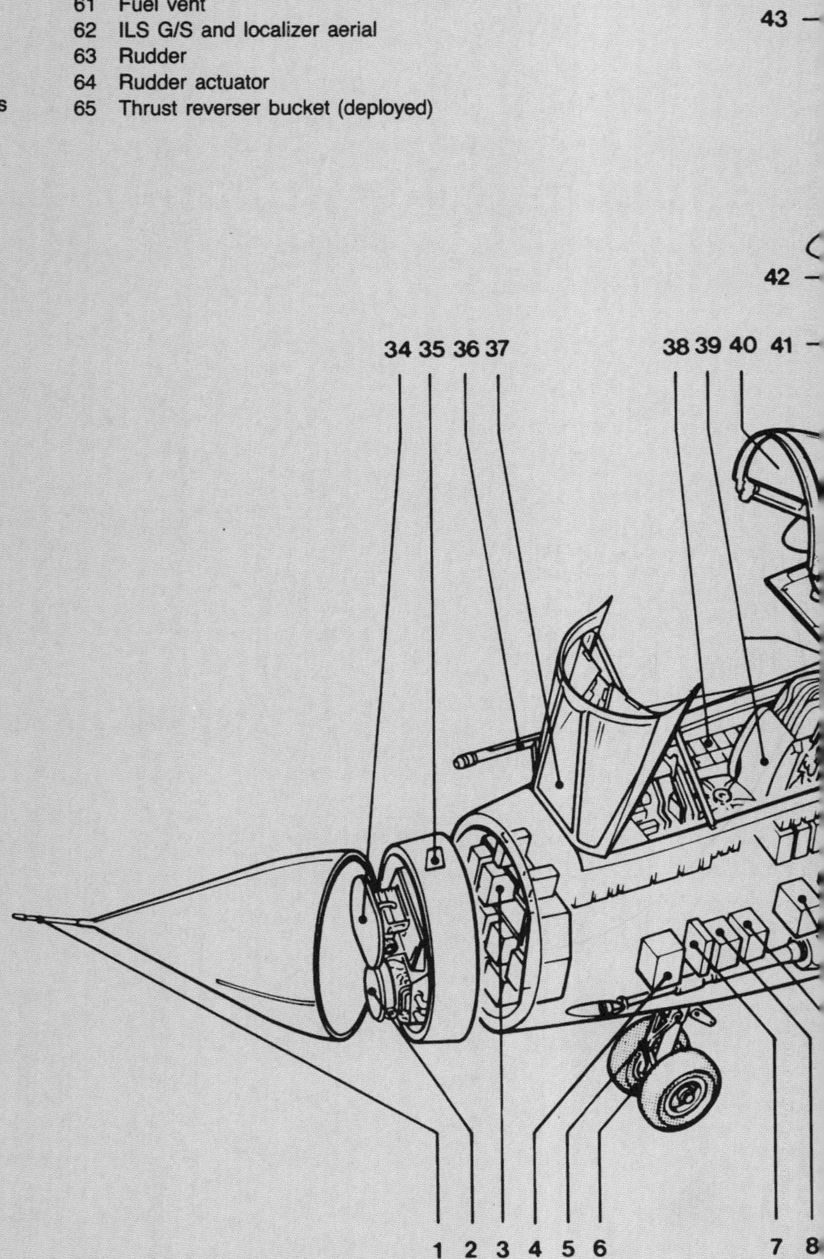

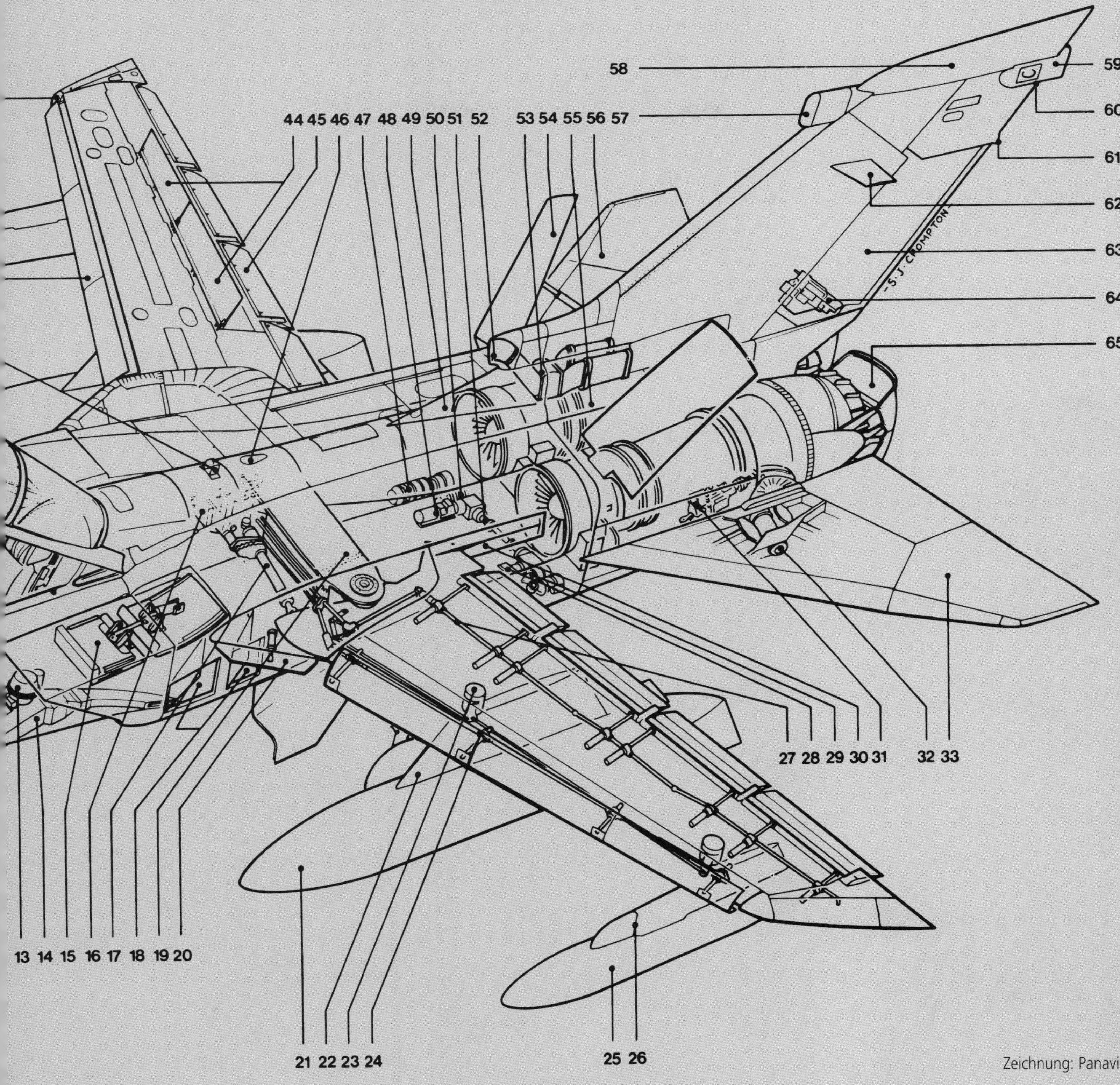

Zeichnung: Panavia

Eine IDS-Maschine des JaboG 38 vor ihrem Shelter. Bild: Autor

Ein IDS-„Tornado" des MFG 2. Bild: Autor

Ein IDS-"Tornado" des MFG 2 vor seinem Shelter. Bild: Autor

Ein „Tornado" des MFG 2 auf dem Fliegerhorst in Tarp. Bild: Autor

2

Aufgaben und Bewaffnung

Einsatzrollen bei der Bundeswehr

Die ersten deutschen Serienmaschinen kamen 1980 zum Trinational Tornado Training Establishment (TTTE) ins englische Cottesmore. Die ersten Einsatzmaschinen erhielt die Bundeswehr im Juli 1982. Damals begann das Marinefliegergeschwader 1 in Schleswig-Jagel mit der Umrüstung auf das neue Kampfflugzeug. Danach rüsteten nach und nach alle früheren Starfighter-Verbände auf den neuen Jet um. Als letzte „Tornados" aus der Produktion kamen 35 ECR-Maschinen zur Luftwaffe. Die letzte Serienmaschine wurde am 28. Januar 1992 ausgeliefert.

Sechs Geschwader fliegen gegenwärtig mit dem zweisitzigen Schwenkflügler: Drei konventionelle Jagdbomber-Geschwader, das JaboG 32 als ECR-Verband, ein Aufklärungsgeschwader und das Marinefliegergeschwader 2 in Tarp bei Flensburg. Die „Tornado"-Aufklärer sind ein Ergebnis der einschneidenden Veränderungen nach dem Fall der Mauer. In den neunziger Jahren verlor die Marine eines ihrer „Tornado"-Geschwader. Denn als die Bundeswehr nach dem Ende des Kalten Krieges drastisch verkleinert wurde, gab die Marine den Stützpunkt Jagel und die Maschinen des MFG 1 an die Luftwaffe ab. Die Luftwaffe stellte mit den Flugzeugen das Aufklärungsgeschwader 51 „Immelmann" neu auf.

Ein IDS-„Tornado" des JaboG 34 beim Start. Bild: PIZ Luftwaffe

Die Einsatzrollen der Luftwaffe: Jagdbomber

„Tornado"-Jagdbomber fliegen seit Juli 1983 bei der Luftwaffe. Am 26. Juli dieses Jahres erhielt das Jagdbombergeschwader 31 „Boelcke" die ersten IDS-Maschinen. Bis 1985 stiegen auch die anderen Starfighter-Verbände auf die IDS-Variante um.

„IDS" steht für „Interdiction Strike". „Interdiction" bezeichnet Eindringmissionen im Tiefflug, die die gegnerische Infrastruktur treffen sollen. „Strike" sind Präzisionsangriffe auf Punktziele, aber auch Missionen mit Nuklearwaffen. Die „Tornados" der Luftwaffe sollen also den Gegner in erster Linie in seinem Hinterland treffen. Ihre Ziele sind Flugplätze, Kasernen, Bunker und die militärische Infrastruktur, aber auch Panzerverbände und andere Truppenmassierungen hinter der Front. Zu Zeiten des Kalten Krieges sollten sie verhindern, dass die angreifenden Ostblock-Verbände aus dem Hinterland Verstärkungen erhielten.

Die NATO-Planer nahmen damals an, die Sowjetunion würde im Kriegsfall mit der Westgruppe der sowjetischen Streitkräfte und ihren osteuropäischen Verbündeten nach Westdeutschland eindringen. Das war die sogenannte „Erste Staffel". Ihr sollte eine zweite Staffel folgen, um den Angriffsschwung aufrechtzuerhalten und die erste Staffel zu

Ein „Tornado" des JaboG 31 „Boelcke" mit MW-1 im Tiefflug. Bild: EADS via Peter Pletschacher

verstärken. Angriffskräfte der NATO-Luftwaffen sollten nun genau das verhindern. Sie sollten das Schlachtfeld gewissermaßen aus der Luft abriegeln und so die eigenen Bodentruppen entlasten. Außerdem wollten die NATO-Planer so die Schwelle für den Einsatz taktischer Atomwaffen möglichst hoch legen.

Der „Tornado" hat dreizehn Waffenstationen. Neun davon befinden sich an den drei großen Pylonen unter dem Rumpf. Unter jedem Flügel hat das Flugzeug zwei schwenkbare Pylone. An den inneren Pylonen sind zwei weitere Waffenstationen, an den äußeren nur eine. Außen trägt das Flugzeug üblicherweise einen TSPJ-Behälter und einen BOZ-101. Unter dem Rumpf und unter den inneren Pylonen finden maximal vier Zusatztanks Platz. Das Kampfflugzeug kann eine Waffenlast von bis zu 8.200 Kilogramm tragen.

Alle Tornado-Versionen können in der Luft betankt werden. Neben dem Cockpit ist eine ausfahrbare Luftbetankungssonde installiert. Das Tankflugzeug lässt einen Schlauch mit einer Verbindungsstelle am Ende ab. Die Betankungssonde passt dort genau hinein. Tanken können die Jets an Großtankern wie der amerikanischen Boeing KC-135 oder der englischen TriStar K 1. Sie können aber auch im sogenannten Buddy/Buddy-Verfahren von einem anderen „Tornado" Treibstoff übernehmen. Der „Tornado"-Tanker trägt dazu einen speziellen Behälter mit Treibstoff und einer Schlauchhaspel an Bord unter dem Rumpf.

Die Luftwaffen-Tornados flogen außerdem mit dem ODIN-Datalink. ODIN (Operational Data Interface) diente zum Austausch taktischer Informationen zwischen Flugzeugen einer Formation oder zwischen Flugzeug und dem Boden. Die Daten mussten allerdings manuell in ODIN eingegeben werden. Im täglichen Einsatz stellte sich heraus, dass die Arbeitslast des Waffensystem-Offiziers dadurch zu groß wurde. Deswegen ist ODIN inzwischen deaktiviert.

Das Waffenarsenal

Für den Einsatz gegen Flächenziele kann der „Tornado" die Mehrzweckwaffe 1 (MW-1) befördern. Flächenziele sind beispielsweise marschierende Truppenverbände oder Flugplätze. MW-1 ist ein 4,5 Tonnen schwerer Behälter, der aus 120 Rohren kleine Sprengkörper, sogenannte Submunition, nach links und rechts ausstößt. Er wird unter dem Rumpf montiert.

In den MW-1 passen zwischen 200 und 4536 Bomben. Mit diesem Behälter können Geländestreifen von 500 Metern und maximal 2,5 Kilometern Breite getroffen werden. Dichte und Streuung der Sprengkörper können während des Fluges eingestellt werden.

Für den MW-1 stehen verschiedene Munitionstypen zur Verfügung.

Die Startbahnbombe landet an einem kleinen Fallschirm. Am Boden explodiert sie zwei Mal. Mit der ersten Explosion brennt sie sich durch die Betondecke. Darunter detoniert sie ein zweites Mal und brennt einen Hohlraum in den Untergrund. Die Startpiste wird so unterwühlt und unbenutzbar. Außerdem ist der wirkliche Schaden schwer zu sehen, weil im Beton nur ein kleines Loch klafft.

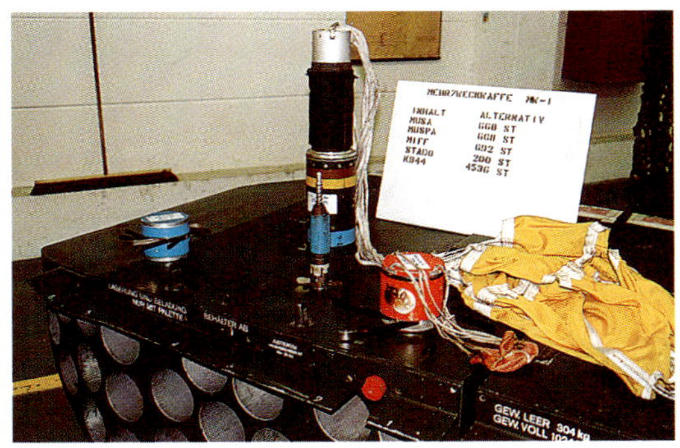

Aus dem MW-1 können Minen gegen Flugzeuge (blau), Fahrzeuge (rot), Startbahnbomben (mit Fallschirm) und panzerbrechende Bomben (Mitte) verschossen werden.

Das erschwert die Aufräumungsarbeiten. Der Krater einer herkömmlichen Bombe ist schnell gefüllt. Dagegen schafft die Startbahnbombe aus dem MW-1 viele weiche Stellen, die die Reparaturteams erst finden müssen.

Zum Zerstören von rollenden Flugzeugen kann eine spezielle Mine abgeworfen werden. Sie reagiert auf Erschütterungen und Geräusche. Eine kleine Batterie sorgt dafür, dass die Mine 24 Stunden lang scharf ist. Außerdem ist der Zünder mit einem Zufallsgenerator gekoppelt. Die Mine ist während dieser 24 Stunden also zeitweise inaktiv. Ein zweiter Minentyp kann gegen gepanzerte Fahrzeuge eingesetzt werden. Außerdem verschießt MW-1 die panzerbrechende Kleinbombe KB-44. Deren Hohlladung schweißt sich durch die Panzerung eines Kampfpanzers oder eines gepanzerten Transporters und explodiert dann.

Der MW-1 ist eine Einwegwaffe. Der leere Behälter wird nach dem Einsatz abgeworfen. Allerdings ist sein Einsatz nur bei eigener Luftüberlegenheit sinnvoll. Die Trägermaschine muss das Ziel überfliegen und setzt sich der feindlichen Flugabwehr aus. Nun ist die aber in den letzten Jahren immer engmaschiger und wirksamer geworden. Das erzwingt den Einsatz von Marschflugkörpern, bei denen das Trägerflugzeug im Abstand von einigen hundert Kilometern am Ziel vorbeifliegt. Außerdem sind bei der MW-1 Kollateralschäden, also Verluste unter der Zivilbevölkerung, praktisch unvermeidlich. Deswegen fliegt die Luftwaffe mit der MW-1 inzwischen nicht mehr. Die MW-1 wird in den nächsten Jahren durch Marschflugkörper mit Submunition ersetzt.

Zum Tornado-Arsenal gehören ungelenkte Bomben verschiedener Typen. Das sind die amerikanischen Bomben Mk.82, Mk.83 und Mk.84. Die Mk.82 ist eine 250 Kilogramm-Bombe mit 87 kg Sprengstoff. Die Mk.83 ist 446 Kilogramm schwer. Die schwerste Bombe ist die Mk.84 mit 907 Kilogramm Gewicht und einer 429 Kilogramm schweren Sprengladung.

Eine freifallende Mk.83-Bombe.
Unten: Eine gebremste Mk.83-Bombe, die nach dem Abwurf am Heck einen kleinen Ballon ausstößt.
Bilder Autor

Zwei Bombentypen sind inzwischen aus dem Arsenal verschwunden: Der BLU-755 Schüttbombenbehälter und die Matra 25E-Bombe. Der BLU-755-Bombenbehälter verstreut 147 kleine Hohlladungsbomben. Die sollen eigentlich Fahrzeuge zerstören. Aber ihr Zünder arbeitet piezoelektrisch – mechanischer Druck löst elektrischen Strom aus, und der Strom zündet den Sprengkörper. Wenn die Kleinbombe also kein Ziel trifft, wird sie zu einer Antipersonenmine. Sie liegt scharf im Gelände. Laut Völkerrecht müssen Minenfelder aber genau dokumentiert werden, damit sie sich nach Ende der Kampfhandlungen leichter räumen lassen. Aber wohin welche der kleinen Bomben gefallen ist und welche nicht explodiert ist, lässt sich kaum nachvollziehen. Deswegen werden sie nicht mehr verwendet. Die Matra 25E ist eine veraltete konventionelle Bombe mit 80 bis 90 Kilogramm Sprengstoff.

Einsatzverfahren von Bomben unterscheiden zwischen ungebremsten und gebremsten Bomben. Ungebremste Bomben haben einfache Stabilisierungsflossen am Heck, damit sie auf ihrer Flugbahn bleiben. Ihr Einsatz kann auch den Bomber gefährden, weil das Flugzeug durch die Druckwelle der Explosion oder Splitter beschädigt wird. „Ist die Explosion zu nahe, sprenge ich mich selbst mit in die Luft", umreißt Major Detlev Schippmann vom Jagdbombergeschwader 38 das Problem. Also wirft ein „Tornado" ungebremste Bomben eher aus großer Höhe.

Das kann die Besatzung im Geradeausflug tun. Die zweite Möglichkeit ist der Sturzflug. Dabei zeigt die Nase des Flugzeugs im Winkel von 15 Grad oder mehr nach unten. Der Pilot visiert das Ziel an, klinkt die Bombe aus und zieht das Flugzeug hoch, um der Splitterwolke der Explosion zu entgehen.

Die dritte Möglichkeit ist der Schleuderwurf oder „loft". Beim „loft" fliegt die Besatzung ihr Ziel tief an. Der Waffenrechner ermittelt den geeigneten Abwurfpunkt. Dann zieht der Pilot das Flugzeug hoch und löst die Bombe bei einem Steigwinkel von 35 bis 40 Grad aus. Die Bombe fliegt dann auf einer ballistischen Bahn ins Ziel, während die „Tornado"-Besatzung das Zielgebiet bereits verlässt. Der „loft" hat einen großen Vorteil: „Ich muss das Ziel nicht überfliegen", sagt Schippmann. Allerdings kann der Wind die Bombe abtreiben. Das schränkt die Präzision eines Schleuderwurfs ein.

Für den Abwurf im Tiefflug eignen sich gebremste Bomben besser. Sie haben am Heck aerodynamische Vorrichtungen, die ihre Fallgeschwindigkeit bremsen. Das kann ein kleiner Bremsfallschirm sein, der sich nach dem

Abwurf öffnet. Eine zweite Vorrichtung ist ein Kranz von Bremsflächen, der nach dem Ausklinken aufklappt. Andere Bomben werden durch einen kleinen Ballon gebremst. Gebremste Bomben sind das Mittel der Wahl, wenn die Besatzung ihr Ziel im Tiefflug treffen muss. Das Flugzeug hat dann den Bereich der Splitterwolke bereits verlassen, wenn die Bombe im Ziel einschlägt.

IDS-Tornados haben zwei 27mm-Maschinenkanonen von Mauser unter dem Bug. Die Kanonen dienen zur Bekämpfung von Zielen in der Luft und am Boden. Sie verschießen zwischen 1100 und 1700 Schuss in der Minute. Pro Kanone sind 180 Schuss an Bord.

Zur Selbstverteidigung können alle Tornados Luft-Luft-Raketen vom Typ AIM-9L „Sidewinder" verschießen. „Sidewinder"-Raketen folgen den Wärmestrahlungen ihres Ziels. Die können aus den heißen Düsentriebwerken kommen, aber auch von Flugzeugpartien an Rumpf, Flügeln und Leitwerken, die während des Fluges heiß werden. Sie fliegen etwa vier Kilometer weit.

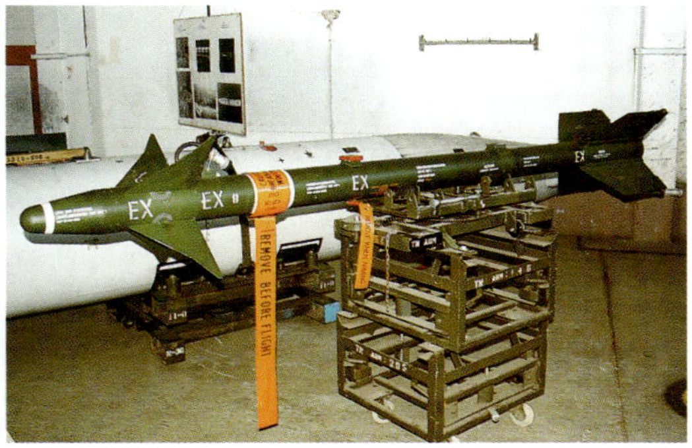

Eine AIM-9-„Sidewinder"-Luft/Luft-Rakete mit Infrarotsuchkopf.

Unten: Der TSPJ-Störbehälter an einem „Tornado"-Aufklärer. Bilder: Autor

Für den Selbstschutz mit elektronischen Mitteln verfügt der „Tornado" über das „Tornado Defensive Aid System" (TDAS). TDAS besteht aus einem Radar-Warnempfänger, dem Cerberus III- oder „Tornado Self Protect Jammer" (TSPJ)-Störbehälter und dem BOZ-101-Täuschkörperwerfer.

Der Kopf des Systems ist der Radar-Warnempfänger ERWE II (Enhanced Radar-Warn-Empfänger). Der empfängt gegnerische Radarsignale, identifiziert und klassifiziert sie und steuert danach den Störbehälter an. Cerberus III hat eine Datenbank mit feindlichen Radars und ihren Frequenzen.

Er kann ein gegnerisches Radar auf zwei Arten stören. Beim „Jamming" sendet er Störsignale auf einer Frequenz. Er kann dem Radar aber auch mehrere falsche Ziele oder eine andere Geschwindigkeit vorgaukeln. TSPJ nutzt dabei die Tatsache, dass das Radarsignal nur mit geringer Energie am Flugzeug ankommt. Die Reflektion durch das Flugzeug ist noch schwächer. TSPJ strahlt auf einer leicht veränderten Frequenz zurück und kann die Radar-Operatoren so in die Irre führen.

Im BOZ-101-Behälter stecken Hitzefackeln oder „flares" und sogenanntes „chaff". Die Hitzefackeln sollen anfliegende Luft-Luft-Raketen ablenken, die der Triebwerkshitze eines Kampfflugzeugs folgen. Chaff oder Düppel besteht aus kleinen Rollen von mit Metall bedampften Glasfaserfäden. Es reflektiert Radarstrahlen und erzeugt eine Wolke aus sinnlosen Echos, hinter der der Kampfjet verschwinden kann.

Der Täuschkörperbehälter BOZ-101. Bild: Autor

ECR-Tornados: Kampf gegen die Flugabwehr

Die ECR-Version des „Tornados" fliegt seit Mai 1990 bei der Bundeswehr. Sie sind auf die Bekämpfung feindlicher Radarstellungen spezialisiert. Im NATO-Jargon heißt ihre Rolle „Suppression of Enemy Air Defences" (SEAD). Die Luftwaffe stellte zunächst in zwei Jagdbombergeschwadern SEAD-Staffeln auf: Beim Jagdbombergeschwader 32 in Lechfeld und beim JaboG 38 im friesischen Jever. 1993 gab das JaboG 38 seine Maschinen jedoch an das Lechfelder Geschwader ab. Das JaboG 32 gehört seit 1995 zu den Krisenreaktionskräften. Damals erhielten die Flugzeuge einen neuen Tarnanstrich in zwei Grautönen. Die neue Tarnung eignet sich besser für den Einsatz in mittleren Höhen. Auf größere Entfernung sind die Maschinen praktisch nicht mehr zu sehen.

Die Buchstaben „ECR" stehen für „Electronic Combat Reconnaissance". Übersetzt bedeutet das soviel wie „Elektronischer Kampf und Aufklärung". ECR-Maschinen sollen eigene Kampfverbände begleiten und die Luftabwehr bekämpfen. Sie können aber auch in einer bestimmten Zone patrouillieren und die in dieser Zone operierenden eigenen Flugzeuge

In den ersten Jahren flogen die ECR-Maschinen in der gleichen Tarnung wie die IDS-Maschinen. Im Bild zwei ECRs des JaboG 32. Bild: PIZ Luftwaffe

Unten: Mitte der neunziger Jahre erhielten die ECR-„Tornados" einen hellgrauen Anstrich für den Einsatz in mittleren Höhen. Bild: Detmar Modes/PIZ Luftwaffe

beschützen. Außerdem fliegen sie elektronische Aufklärung und liefern Informationen über die Positionen von Luftverteidigungsradars und Kommunikationseinrichtungen. Die ECR-Tornados unterscheiden sich in einigen Punkten von den IDS-Maschinen. Die Flugzeuge haben um etwa 10 Prozent stärkere Triebwerke. Mit der zusätzlichen Leistung liefern sie Energie für die Kühlung der Elektronik.

ECR-Tornados haben keine Bordkanonen. Die mussten bei der Umkonstruktion der umfangreichen neuen Elektronik weichen. Deren Kernstück ist das „Emitter Locator System" (ELS). Außen am Flugzeug ist es durch die schwarzen Antennenverkleidungen an beiden Flügelwurzeln erkennbar. Das ELS peilt aktive Radarstellungen an, indem es das Signal eines Senders zu verschiedenen Zeiten aufzeichnet. So kann es eine Dreieckspeilung durchführen. In einer Datenbank hat es Informationen über eigene und feindliche Radars. Mit diesen Informationen erkennt es, welches Radar arbeitet, wo das Gerät steht und ob es feindlich ist.

Bis vor fünf Jahren hatten die ECR-Maschinen außerdem das „Infrared Imaging System" an Bord. ECR-Tornados, die für einen nachfolgenden Bomberverband eine Lücke in die gegnerische Flugabwehr schlugen, sollten mit dem IIS Raketenstellungen aufklären. Deren Position sollte die Besatzung dann über Datalink an die IDS-Maschinen weitergeben. Allerdings musste der Waffensystem-Offizier die Daten aus dem IIS manuell in ODIN übertragen. Im Einsatz stellte sich das als nicht besonders praktikabel heraus. Die Arbeitsbelastung für den Flieger im hinteren Cockpit war zu hoch. Außerdem sollten diese Missionen im Tiefflug geflogen werden. Und da die „Tornados" inzwischen eher in mittleren Höhen operieren, baute man den Sensor aus.

Als Sichthilfe bei Nachtflügen verfügen die ECR-„Tornados" über ein „Forward Looking

Infrared" (FLIR) von Zeiss. Der Pilot kann das Bild vor sich im Head-Up-Display sehen.

Die Hauptwaffe der ECR-Maschinen ist die amerikanische AGM-88B Block II/III HARM (High Speed Anti Radiation Missile). Die Rakete fliegt etwa 25 Kilometer weit. Sie wird von einem Feststoff-Triebwerk angetrieben. Der Bordcomputer enthält eine Datenbank mit den gegnerischen Radars und kann so zwischen denen und anderen Signalquellen unterscheiden. Der Suchkopf erfasst den Sender und steuert die Rakete auf ihn zu.

Die HARM fliegt langsamer als eine Boden-Luft-Rakete. Deswegen ist sie keine Duellwaffe. ECR-Besatzungen unterscheiden zwischen einem präventiven und einem reaktiven Schuss. Beim präventiven Schuss feuert die Besatzung eine HARM ab, bevor die Luftabwehr des Ziels ihre Radars einschaltet. In dieser Situation weiß die Besatzung nicht genau, ob eine Stellung bemannt ist oder überhaupt existiert. Präventive Abschüsse sind bei Angriffen auf Flugplätze oder andere stark verteidigte Ziele das Mittel der Wahl. „Bei diesen Missionen kann man nicht warten, bis auf die eigenen Flugzeuge geschossen wird", sagt Major Ralph Englbrecht vom JaboG 32.

Der reaktive Schuss ist eigentlich der sicherste Weg, ein Ziel zu treffen. Dann feuert die Besatzung auf das aktive Radar einer Raketenstellung. Auch Frühwarnradar-Anlagen sind Ziele für reaktive Schüsse. Sie sind zwar als solche keine Bedrohung. Aber sie sind mit dem feindlichen Luftverteidigungssystem verbunden und deswegen sehr wohl ein wichtiges Ziel.

Die ersten SEAD-Flugzeuge setzte die U.S. Air Force in den sechziger Jahren über Nordvietnam ein. Anfangs waren das zweisitzige F-100F „Super Sabres" mit Elektronik, die aus B-52-Bombern stammte. Ihre Ziele griffen sie mit Bomben, ungelenkten Raketen und Bordkanonen an. Dazu mussten sie ihre Ziele jedoch überfliegen. Entsprechend hoch waren die Verluste. Außerdem waren die F-100F-Jets leicht überladen. Sie wurden durch zweisitzige „Thunderchiefs" ersetzt, die auch zum ersten Mal spezielle Lenkwaffen verschießen konnten. Auf diese Maschinen folgten „Phantom II"-Jets mit SEAD-Ausrüstung, zuletzt die F-4G, die noch im Golfkrieg eingesetzt wurde. Inzwischen fliegt die USAF in der SEAD-Rolle F-16CJ, die ein elektronisches Radar-Peilsystem und HARM-Lenkwaffen an Bord haben. Die sowjetische Luftwaffe benutzte für diese Aufgabe die MiG-25.

Die Tornado-Aufklärer

Die Tornado-Aufklärer lösten die McDonnell Douglas RF-4E-Aufklärer ab. Am 1. Januar 1994 stellte die Luftwaffe das Aufklärungsgeschwader 51 „Immelmann" in Dienst. Der neue Verband erhielt Kampfflugzeuge und Basis des aufgelösten Marinefliegergeschwaders 1. Personal kam von der Marine, aus den beiden aufgelösten Geschwadern mit „Phantom"-Aufklärern und aus Jabo-Verbänden, die vorher „Alpha Jets" geflogen hatten.

Die Aufgabe der „Tornados" ist die taktische Luftaufklärung. Also überwachen die Aufklärungsmaschinen die Aktivitäten des Gegners im Kampfgebiet und hinter der Front. Sie beobachten die Verbindungswege und lokalisieren militärische Einzelziele. Sie suchen mögliche Ziele für die eigenen Kampfverbände. Nach einem Luftangriff liefern sie Informationen darüber, wie erfolgreich ein Einsatz gewesen ist.

Aufklärungsmissionen finden entweder als Punktaufklärung, als Streckenaufklärung oder als Flächenaufklärung statt. Punktaufklärung erfasst einzelne Ziele – Nachschubdepots, Flugplätze, Gefechtsstände, Stellungen von Artillerie oder Panzern. Die NATO kennt

Auch für den Einsatz über dem Balkan vorgesehene „Tornado"-Aufklärer bekamen einen hellgrauen Sichtschutz.
Bild: Autor

17 Zielkategorien von der Kategorie 1, einem Flugplatz, bis zur Kategorie 17, einem Elektrizitätswerk. Streckenaufklärung dient zur Überwachung von Verkehrsadern. Das können Straßen, aber auch Wasserwege sein. Bei der Flächenaufklärung suchen zwei oder mehr Aufklärer ein bestimmtes Areal ab.

Eine weitere Aufgabe ist Feststellen der genauen Lage eines Ziels für andere Kampfmaschinen (Recce Attack Interface). Dann fliegen Aufklärer in einer Formation von Bombenträgern mit und übermitteln die genaue Position des Ziels – beispielsweise die genaue Lage eines Kommandobunkers in einem vorgegebenen Zielgebiet .

Die Tage des schnell und allein fliegenden Foto-Aufklärers sind jedoch vorbei. Die Aufklärer fliegen in der Regel zu zweit. Außerdem werden sie von Jägern und SEAD-Flugzeugen begleitet.

Das AG 51 fliegt IDS-Tornados, die für die Aufklärerrolle Kamerabehälter unter dem Rumpf tragen. In den ersten Jahren flogen sie ihre Einsätze mit Aufklärungsbehältern, die sie von der Marine geliehen hatten. Inzwischen haben sie zwei eigene Behälter.

Seit Anfang 2001 verwendet das Geschwader den Telelens-Behälter. Er liefert Aufnahmen aus großer Distanz sowie aus mittleren und großen Höhen. Er enthält zwei Zeiss-Kameras und einen Infrarot-Zeilenabtaster für Wärmebilder. Die vordere Kamera, eine KS-153 Telelens 610 liefert Panorama-Aufnahmen von Horizont zu Horizont. Die Telelens-Kamera fliegt normalerweise mit fünf Linsen. Sie ist modular aufgebaut, so dass die fünf Linsen durch drei Linsen mit größerer Brennweite ersetzt werden können. Der Infrarotsensor liefert Wärmebilder bei Tag und Nacht, allerdings nicht bei schlechtem Wetter. Dann zerstreuen Wolken oder Nebel das infrarote Licht.

Der Telelens-Aufklärungsbehälter.
Unten: Der neue Trilens-Aufklärungsbehälter. Bilder: Autor

Für Einsätze im Tiefflug verwenden die Aufklärer den Trilens-Behälter oder „German Air Force Reconnaissance Pod“. In seiner Spitze befindet sich eine Kamera, die den Bereich vor dem Flugzeug abdeckt. Auch im Trilens-Pod sind eine Vertikalkamera und ein IR-Zeilenabtaster installiert.

Die neuen Behälter liefern bessere Aufnahmen. Die Besatzung sieht während des Fluges, was die Kameras aufnehmen. Außerdem kann der Film zurückgespult und bereits auf dem Rückflug ausgewertet werden.

Im Rahmen der Amtshilfe unterstützen die Aufklärer die Polizei bei der Suche nach Vermissten. Die Sensoren sind zwar nicht genau genug, um eine einzelne Person zu finden. Und die Infrarot-Zeilenabtaster können auch nicht in Gebäude hineinsehen. Aber sie finden beispielsweise frische Erdhügel, weil die wärmer sind als die Umgebung. Die Ergebnisse dieser Aufklärungsflüge können der Polizei helfen, ihr Suchgebiet genauer einzugrenzen.

Bei einer Gelegenheit flogen „Tornado“-Aufklärer die Bahnstrecke Hamburg-Berlin ab, um bei der Suche nach Bahnerpressern zu helfen, die mit Anschlägen auf die Gleisanlagen gedroht hatten.

Seekrieg aus der Luft: Die „Tornados“ der Bundesmarine

Marineflieger sind die Allrounder unter den „Tornado“-Fliegern. Das einzige Jet-Geschwader der Marine hat Angriffs- und Aufklärungsaufgaben, für die die Luftwaffe spezialisierte Geschwader unterhält. Seine Aufgaben: Aufspüren der feindlichen Flotte, Bekämpfen von Kriegsschiffen und feindlicher Handelsschifffahrt, Angriff auf Küstenziele. Unterstützend fliegen sie Begleitschutz für eigene Jagdbomber oder für die Flotte. Das Marinefliegergeschwader 2 verfügt zur Zeit über 49 IDS-Maschinen.

Während des Kalten Krieges waren Nord- und Ostsee der wichtigste Operationsraum. Im Konfliktfall hätten sie die Ostseeausgänge gegen sowjetische Landungsoperationen verteidigt. Außerdem überwachten sie Ostblock-Aktivitäten auf der Ostsee, so wurde mit Kameras aus dem internationalen Luftraum in Kriegshäfen hinein fotografiert. Die Marineflieger bekamen dann öfters „Besuch“ von sowjetischen Jägern.

Dieses Szenario hat sich völlig verändert. Inzwischen müssen die Marineflieger fähig sein, die Flotte im Rahmen internationaler Kriseninterventionen zu unterstützen.

Die „Tornado“-Jagdbomber der Marine können dasselbe Spektrum an ungelenkten Bomben einsetzen wie die IDS-Maschinen der Luftwaffe. Allerdings hatten sie nie den ODIN-

Ein Marine-„Tornado" mit Aufklärungsbehälter und rechts ein mit einer HARM-Rakete und einer „Kormoran"-Lenkwaffe bewaffneter „Tornado" der Marineflieger. Bilder: MFG 2

Datalink an Bord. In der Vergangenheit gehörte auch das Minenlegen zur ihrer Rolle. Aber das Völkerrecht schreibt vor, dass die Position von Minen genau bekannt ist. Genau das ist nur schwer durchführbar. Deswegen wird das Minenlegen aus der Rolle genommen.

Zum Einsatz gegen Schiffe verschießen Marine-„Tornados" die „Kormoran"-Lenkwaffe und die Raytheon AGM-88 HARM.

„Kormoran" ist eine Rakete mit aktivem Radarsuchkopf. Mit dem kann sie ihr Ziel selbst finden und verfolgen. Sie hat eine Reichweite von ungefähr 35 Kilometern und fliegt dicht über dem Wasser. „Kormoran"-Flugkörper sind sehr präzise Waffen. Mit ihnen können die Kampfflugzeuge ein Kriegsschiff angreifen, ohne in den Wirkungsbereich der Flugabwehr hineinfliegen zu müssen.

Die HARM-Raketen dienen dazu, genau diese Abwehr zu blenden. Ihr Einsatz hängt davon ab, ob die angreifenden „Tornados" oder die von ihnen abgefeuerten „Kormoran"-Raketen geschützt werden müssen.

Reichen Radar und Waffen eines Kriegsschiffes sehr weit, dann sind die „Tornados" bedroht. Schließlich müssen sie in die Wirkungszone der Abwehr hineinfliegen, bevor sie selbst schießen können. Sie verschießen also erst HARM-Flugkörper, um das Kriegsschiff zu zwingen, sein Radar abzuschalten. Erst danach schießen sie mit „Kormoran"-Flugkörpern auf das Schiff.

Reicht die Abwehr eines Schiffes nicht sehr weit, sind die „Tornados" nicht in Gefahr. Dann feuern die angreifenden „Tornados" erst „Kormoran"-Flugkörper ab. Sobald die ins Sichtfeld des Radars einfliegen, folgen HARM-Raketen. Wenn das Kriegsschiff sein Radar aktiv lässt, um die anfliegenden „Kormoran"-Raketen abzuschießen, wird es auf jeden Fall von einer HARM getroffen. Schaltet die Kriegsschiff-Besatzung das Radar ab, schlägt wahrscheinlich eine „Kormoran"-Rakete ein.

HARM-Raketen werden auf zwei Arten eingesetzt. Sie werden auf ein identifiziertes Ziel verschossen – der sogenannte „planned shot". Die zweite Einsatzmöglichkeit ist der TSO-Verschuß. TSO steht für „Threat Surveillance Operation". Dann ist der Suchkopf der Rakete eingeschaltet, während die Lenkwaffe noch unter dem Flugzeug hängt. Die „Tornado"-Besatzung verschießt die HARM erst, wenn der Gegner sein Radar einsetzt.

Für Aufklärungsmissionen verwenden die Marineflieger einen speziellen Kamerabehälter. In dem befindet sich eine Zeiss-Kamera für Tiefflüge. Sie hat fünf Linsen, die zusammen unter und neben dem Flugzeug einen Bereich von 180 Grad von Horizont zu Horizont abdecken. Als zweiter Sensor ist eine Wärmebild-Kamera installiert.

Zwei ECR-"Tornados", aufgenommen aus einer „Transall". Bild: Major Ralph Englbrech

Eine in Holloman stationierte IDS-Maschine verläßt ihren Stellplatz.
Bild: PIZ Luftwaffe/Oliver R. Fischer

Ein IDS-„Tornado" des Taktischen Ausbildungskommandos in Holloman AFB beim Start.
Bild: PIZ Luftwaffe/Oliver R. Fischer

Flugbetrieb in Holloman:
Ein „Tornado“ wird eingewiesen.
Bild: PIZ Luftwaffe/
Oliver R. Fischer

3 *Sie fliegen tief und bei jedem Wetter* Die Konkurrenz

Während Deutschland, Großbritannien und Italien am Tornado-Programm arbeiteten, entstanden auch in anderen Ländern Kampfflugzeuge für ein vergleichbares Einsatzspektrum.

Die USA entwickelten in den 60er Jahren die General Dynamics F-111. In der Sowjetunion entstand in den späten 60er Jahren die Su-24 (NATO-Code „Fencer"). In den späten 80er Jahren leiteten die USA aus der F-15 den zweisitzigen Mittelstreckenbomber F-15E ab. Frankreich schlug einen ähnlichen Weg ein und baute die zweisitzigen Mirage 2000N und 2000D. Sukhoi baute gleich zwei Angriffsversionen des schweren Jägers Su-27: Die Su-30M/MK und die Su-34 mit einem völlig neuen Zwei-Mann-Cockpit.

Die Schwenkflügel-Generation

Das älteste dieser Kampfflugzeuge ist die amerikanische General Dynamics F-111. Nach verschiedenen Studien formulierte die US Air Force im Dezember 1960 eine Ausschreibung für den TFX oder „Tactical Fighter Experimental". Der TFX sollte ein bei Tag und Nacht einsetzbares, zweisitziges Allwetterkampfflugzeug sein mit der Fähigkeit, von kurzen, schlecht vorbereiteten Pisten zu operieren. Er sollte in 20.000 Metern Mach 2.5 erreichen und Waffenlasten von bis zu 15 Tonnen tragen können, davon eine halbe Tonne in einem Waffenschacht. Der Aktionsradius im Tiefflug sollte 1280 Kilometer betragen, die Überführungsreichweite 6100 Kilometer. Nebem den Kampfflugzeug sollte es eine Aufklärungsversion geben.

Eine F-111A in NASA-Markierungen, aufgenommen 1968. Bild: NASA

Daraus hätte ein normales Kampfflugzeugprogramm entstehen können. Aber der Verteidigungsminister der Regierung Kennedy, Robert McNamara, sorgte dafür, dass genau das nicht passierte. Er wollte den immensen Finanzbedarf der amerikanischen Streitkräfte drosseln. Seine Lösung: Das „commonality"-Konzept. Ein Flugzeug sollte möglichst viele Aufgaben erfüllen können.

Das stieß bei vielen Militärs auf Unverständnis und Ablehnung. So begann ein langwieriger bürokratischer Streit, der für politische Kontroversen, explodierende Kosten und massive technische Probleme sorgte.

Für den entstehenden TFX hieß das: Möglichst viele taktische Forderungen aller drei Teilstreitkräfte erfüllen. Im Februar 1961 wies McNamara die US Luftwaffe an, zu untersuchen, ob die Forderung der US Army nach einem Schlachtflugzeug und die der US Navy nach einem neuen Jagdflugzeug durch den TFX erfüllt werden konnte.

Das Ergebnis: US Navy und US Air Force sollten aus dem TFX ein gemeinsames Kampfflugzeug entwickeln. Die Luftwaffenversion firmierte als F-111A, die der US Navy als F-111B – noch bevor ein Hersteller für das Flugzeug gefunden oder eine Entscheidung über seine Auslegung gefallen war. Die A-Version sollte ein Jagdbomber für das Tactical Air Command sein, die B-Version ein Allwetterjäger für den Einsatz von Flugzeugträgern. Aus neun Vorschlägen wählte die Air Force das Boeing-Projekt aus. McNamara entschied sich für das von General Dynamics.

1962 erteilte die Air Force dem Unternehmen einen Auftrag über eine Vorserie von 23 F-111. Diese Zahl schloss fünf F-111B für die Navy ein, gebaut von Grumman. Außerdem sollte das Strategic Air Command eine eigene Version bekommen – die FB-111.

Die erste F-111A flog am 21. Dezember 1964. Die Erprobung zeigte eine ganze Reihe von Mängeln, die meisten bei den Lufteinlässen der Triebwerke. Schlimmer traf es die F-111B: Sie war nicht nur zu schwer für den Einsatz von Flugzeugträgern. Auch schränkten Cockpit und Rumpfnase die Sicht der Besatzung bei der Landung auf das Trägerdeck zu sehr ein. Die US Navy ließ das Gewicht drastisch senken. Aber so entfernte sich das Flugzeug immer mehr von der F-111A – die Zahl gemeinsamer Komponenten sank von achtzig auf unter dreißig Prozent. Im August 1968 stoppte die Navy das F-111B-Programm und beauftragte Grumman mit dem Bau der F-14.

Die ersten F-111A-Maschinen aus der Serienproduktion flogen im Februar 1967, und im Oktober des gleichen Jahres kamen die ersten Maschinen zu einem Einsatzverband. Im März und April 1968 schickte die US Air Force sechs F-111A nach Thailand, um Kampferfahrungen zu sammeln. Drei von ihnen stürzten ab. Der Grund: Ein Schweißfehler im Leitwerksantrieb.

Eine F-111 der U.S. Air Force Bild: U.S. Air Force

Unten: Eine australische F-111C im Tiefflug. Bild: Royal Australian Air Force

Australien wird seine F-111 noch bis 2020 fliegen. Bild: Royal Australian Air Force

Erst nachdem alle technischen Probleme gelöst waren, begann das Flugzeug, sich im Einsatz zu bewähren. Als 1972 wieder F-111-Maschinen über Vietnam eingesetzt wurden, hatten sie die geringsten Verluste von allen Flugzeugtypen. Sie konnten starten, wenn das Wetter alle anderen Kampfflugzeuge am Boden hielt. Mit ihrem Geländefolge-Radar und computergestützter Navigation fanden sie Ziele mit bisher nicht erreichter Genauigkeit. Und sie flogen ohne die übliche Unterstützung durch „Wild Weasels", die sonst die nordvietnamesische Flugabwehr niederhielten. Die Crews tauften das Flugzeug „Aardvark" oder Ameisenbär – wegen seiner langen Radarnase.

Das Strategic Air Command rüstete ab 1968 zwei Geschwader mit dem strategischen Bomber FB-111A aus. Diese Flugzeuge konnten neben Atombomben auch die AGM-69-Rakete mit Kernsprengkopf tragen. Australien kaufte im gleichen Jahr 24 F-111C als Ersatz für seine veralteten Canberra-Bomber. Wegen der technischen Probleme mit den amerikanischen Maschinen blieben sie jedoch bis 1973 eingelagert. Die australische Luftwaffe flog stattdessen geleaste F-4E Phantom II.

Auf 158 F-111A-Maschinen folgten 94 F-111E. Die E-Serie hatte verbesserte Lufteinlässe und eine leicht veränderte Avionik.

Auf die E-Serie folgte zunächst die F-111D. Die D-Serie hatte stärkere Triebwerke und verbesserte Bordelektronik. Die stellte sich als so kompliziert und teuer heraus, dass von den geplanten 315 Maschinen nur 96 gebaut wurden. Der geplante Aufklärer ging nie in Produktion.

Auf die D-Serie folgten 106 F-111Fs. Sie hatten stärkere Triebwerke und eine vereinfachte und billigere Avionik. Außerdem trugen sie das Pave Tack-System. Es bestand aus einem Infrarot-Sichtgerät und einem Laser, der Ziele für lasergelenkte Bomben beleuchten konnte. Das Prinzip: Der Laser erzeugt einen kleinen grellen Lichtpunkt auf dem Ziel. Den visiert die Besatzung an und steuert die Bombe auf ihn zu. Die Bomben haben einen Sensor in der Spitze, der den Laserreflex im Ziel auffaßt. So konnten F-111F-Maschinen ein Ziel gleichzeitig beleuchten und bekämpfen. Andere Flugzeuge, etwa die amerikanischen Phantoms, mussten solche Missionen zu zweit fliegen: Eine Maschine trug das Pave Tack-System, die zweite die Bomben.

In den späten achtziger Jahren gab das SAC einige FB-111A an das Tactical Air Command ab. Sie wurden umgerüstet und flogen dann als F-111G. Außerdem zog die Air Force die F-111A nach und nach aus dem Einsatz. Viele von ihnen wurden zu EF-111A-Störflugzeugen umgebaut. Sie erhielten eine verbesserte Ausführung des Störsystems, dass auch in den Grumman EA-6B-Störflugzeugen der US Navy installiert ist. Ihre Mission: Kampfverbände bei ihrem Flug in den gegnerischen Luftraum begleiten und mit ihren Sendern die Radars der feindlichen Flugabwehr stören. Außer-

Eine australische F-111C mit lasergelenkten Bomben und „Sidewinder"-Raketen. Bild: Royal Australian Air Force

dem konnten sie einen Riegel aus Störsignalen über eigenem Territorium legen.

Ironie der Geschichte: Nach dem Golfkrieg stellte die US Air Force die EF-111A außer Dienst, und die betagten EA-6Bs der US Navy müssen nun auch Air Force-Maschinen unterstützen. Dabei hatte sich die Luftwaffe Anfang der 70er Jahre gegen die EA-6 entschieden – weil die kein Überschallflugzeug ist.

Die drastischen Einsparungen im amerikanischen Verteidigungshaushalt bedeuteten auch das Ende für die F-111 – trotz ihres erfolgreichen Einsatzes im Golfkrieg. Mitte der neunziger Jahre musterte die US Air Force ihre Aardvarks aus. 1996 stellte sie die letzten F-111-Bomber außer Dienst, 1998 die letzten EF-111A.

Dagegen blieben die australischen Maschinen weiter im Einsatz. Die Royal Australian Air Force hat sie umfassend modernisiert. Außerdem kaufte die RAAF 1992 15 F-111G-Maschinen. Eine australische Besonderheit sind vier RF-111C-Aufklärer – sie tragen eine Kamerapalette im Bombenschacht. Australische F-111Cs sind mit dem Pave Tack-System ausgestattet. Sie können Seezielflugkörper verschießen und seit kurzem die amerikanischen AGM-142-Luft-Boden-Raketen zum Einsatz gegen verbunkerte Ziele. Australien will seine Aardvarks bis etwa 2020 fliegen.

McNamaras ehrgeizige Ziele blieben unerreicht. Aus der F-111 wurde nie ein Mehrzweck-Flugzeug. Auch logistisch blieben die Aardvarks ein Problem: Jede Version wurde nur bei einem Geschwader geflogen. Das brauchte aber seine eigene Logistik, weil beispielsweise die Ds eine andere Avionik als die A- oder die E-Serie hatten. Aber als Bomber, der seine Ziele bei jedem Wetter im Tiefflug findet, ist das Flugzeug bis heute ein Erfolg.

Das direkte sowjetische Gegenstück zur F-111-Familie ist die Sukhoi Su-24, im NATO-Code als „Fencer" bezeichnet. Die Su-24 ist ein zweistrahliges Kampfflugzeug mit Schwenkflügeln und zwei Mann Besatzung. Die Geschichte dieses Flugzeugs beginnt ebenfalls in den sechziger Jahren. Damals suchten die sowjetischen Frontfliegerkräfte einen Jagdbomber mit Kurzstart- und Landefähigkeit, der im Tiefflug in den NATO-Luftraum eindringen sollte. Dort sollte es Truppenkonzentrationen, das westliche Flugabwehr-Netz, Verkehrswege, Flugplätze und stark verteidigte Punktziele angreifen. Ebenso wie die F-111 sollte das neue Kampfflugzeug Geländefolgeradar, Trägheitsnavigation, einen fortgeschrittenen Feuerleit- und Navigationsrechner und einen Autopiloten bekommen, der das Flugzeug auch selbst zum Ziel steuern konnte.

Der erste Prototyp, die Sukhoi T.6-1, flog im Juni 1967. Allerdings hatte er noch keine Schwenkflügel, sondern stark gepfeilte Deltaflügel. Erst der zweite Prototyp erhielt Schwenkflügel – die T.6-1 hatte bei hohen Geschwindigkeiten Stabilitätsprobleme und war schwer zu steuern. Der Schwenkflügler nahm 1970 seine Erprobung auf. Die Produktion begann 1972, aber erst zwei Jahre später kamen die ersten Su-24 zu den Einsatzverbänden. 1978 begann die Produktion einer verbesserten Bomberversion, der Su-24M.

Die Su-24M ist die häufigste „Fencer"-Version. Sie ist mit einer 23mm-Maschinenkanone bewaffnet und kann von freifallenden Bomben über Boden-Luft-Flugkörper bis zu gelenkten Bomben alles befördern – auch takti-

Eine F-111C der RAAF bei der Luftbetankung. Bild: Royal Australian Air Force

sche Nuklearwaffen. Die maximale Bombenlast liegt bei etwa 8 Tonnen. Es kann in der Luft betankt werden – entweder durch Tankflugzeuge oder eine andere Su-24.

1982 flogen 250 Fencers bei der sowjetischen Luftwaffe, 1989 etwa doppelt so viele. In diesen Jahren erreichte die Produktion ihren Höhepunkt. Nach amerikanischen Schätzungen baute die sowjetische Industrie 60 bis 70 dieser Kampfflugzeuge pro Jahr. Die sowjetische Marine erhielt 250 Su-24 für den Einsatz gegen Seeziele. Außerdem untersuchte sie, ob sich die Maschine für den Einsatz von Flugzeugträgern eignete. Neben den Bombern entwickelte Sukhoi zwei Varianten für Spezialeinsätze. Die Su-24MR ist ein Aufklärer mit Kameras, einem Infrarot-Abtaster und Seitensicht-Radar. Außerdem können diese Flugzeuge verschiedene Behälter mit Kameras, elektronische Störgeräten oder Abhörausrüstung tragen. Ein Datalink verbindet sie mit Bodenstationen. Die zweite Version, die Su-24MP, ist ein elektronisches Störflugzeug, vergleichbar der amerikanischen EF-111A.

Insgesamt baute das Herstellerwerk in Novosibirsk etwa 1400 Su-24. Die Produktion endete 1992. Bei der russischen Luftwaffe fliegen 330 Bomber und 120 Aufklärer. Die Marine hält 90 Su-24 in Dienst. Von der Su-24MP wurden nur 12 Maschinen gebaut; sechs davon fliegen jetzt in der ukrainischen Luftwaffe.

Nachfolgestaaten der Sowjetunion haben ebenfalls Su-24-Maschinen: Weißrussland verfügt über 90, die Ukraine über 250 Flugzeuge. Kasachstan soll 37 Stück haben, Aserbaidschan 16. Allerdings müssen die Zahlen mit Skepsis betrachtet werden. Die Angaben schwanken je nach Quelle; hinzu kommt, dass viele Flugzeuge mangels Ersatzteilen und erfahrener Besatzungen nicht einsatzbereit sein dürften.

Die Sowjetunion, und später Russland, exportierte das Flugzeug. Algerien erhielt zehn, der Irak 25 Maschinen, der Iran 12, Lybien 15 und Syrien 20. Während des Golfkrieges schickte der Irak seine Maschinen in den angeblich sicheren Iran. Iran behielt die Flugzeuge und reihte sie in seine Luftwaffe ein.

Sowjetische, später russische Fencers erlebten Kampfeinsätze – allerdings nie in ihrer eigentlichen Rolle. Über Afghanistan und über Tschetschenien bombardierten sie aus großer Höhe feindliche Stellungen.

In Afghanistan erschienen den sowjetischen Militärs Tiefflugeinsätze in den engen Bergtälern als zu gefährlich. Zumal die afghanischen Widerstandskämpfer „Stinger"-Flugabwehrraketen besaßen, die ein einzelner Mann von der Schulter abfeuern kann. Viele sowjetische Erdkampfflugzeuge und Kampfhubschrauber fielen diesen Raketen zum Opfer. Also warfen die Su-24-Besatzungen konventionelle Bomben aus Höhen um 5.500 Meter ab.

Ähnlich verliefen die Missionen über Tschetschenien. Die tschetschenischen Rebellengruppen haben keine Infrastruktur, die man mit lasergelenkten Bomben treffen kann. Also verlegte sich die russische Luftwaffe auf Flächenbombardements mit freifallenden Bomben, Napalm und Splitterbomben. Diese Taktiken führten zu vielen Opfern unter der Zivilbevölkerung.

Die russische Luftwaffe will die Su-24 nicht vor 2020 ersetzen. Sukhoi arbeitet zwar an einem Nachfolger, aber finanzielle Probleme halten das Programm immer wieder auf. Für die Su-24 schlägt das Unternehmen daher verschiedene Nachrüstungspakete vor.

Einige sehen neue Navigations- und Kommunikationssysteme vor. Andere sind radikaler – das Flugzeug soll neue Radargeräte und neue Waffen bekommen. Zu denen gehört die neue russische Lenkwaffen-Generation gegen Schiffe, Bodenziele und Radarstellungen.

Die 2. Generation: Aus Jägern werden Bomber

Die franzöischen Mirage 2000N und 2000D sind zweisitzige Angriffsversionen der Mirage 2000. Beide können ihre Ziele auch bei Nacht oder schlechtem Wetter finden und verfügen über automatische Geländefolgesysteme. Die Mirage 2000N trägt in erster Linie Nuklearwaffen; die D-Version setzt konventionelle Waffen ein und kann auch lasergelenkte Bomben abwerfen.

Die Mirage 2000N entstand, als die französische Luftwaffe nach einen Nachfolger für ihre kernwaffenfähigen Jaguar- und Mirage III-Jagdbomber suchte. Dassault, das gerade die neue Mirage 2000 produzierte, schlug eine zweisitzige Version dieses Deltaflüglers vor. Der erste Prototyp flog im Februar 1983. Drei Jahre später folgte das erste Serienflugzeug. Die französische Armée de l'Air bestellte 75 Maschinen und stellte die ersten 1988 in Dienst. Zur Zeit fliegen sechzig Maschinen bei drei Staffeln.

Die Höchtgeschwindigkeit dieser Flugzeuge liegt in 11.000 Metern Höhe bei 2.390 Kilometern pro Stunde. In niedrigen Höhen erreicht sie mit zwei Luft/Luft-Raketen und zwei Tonnen Waffenlast 1.118 Kilometer pro Stunde. Die maximale Reichweite beträgt 3.335 Kilometer, der Aktionsradius mit Zusatztanks und einer Tonne Waffenlast 1.500 Kilometer.

Hauptwaffe der Mirage 2000N ist die Air Sol Moyènne Portée (ASMP), ein Marschflugkörper mittlerer Reichweite mit Atomsprengkopf. Die ASMP fliegt mit Staustrahlantrieb. In Bodennähe erreicht sie Mach 2, in mittleren Höhen sogar Mach 3.

Als die Mirage 2000N zur Truppe kam, konnte sie nur die ASMP einsetzen und Matra Magic-Raketen zur Selbstverteidigung im Luftkampf verschießen. Im Laufe der Jahre er-

Die erste Serienmaschine des Atomwaffenträgers Mirage 2000N. Unter dem Rumpf die nukleare Luft-Boden-Lenkwaffe ASMP. Bild: Archiv GN

weiterte die französische Luftwaffe das Arsenal des Flugzeugs. Zur ASMP kamen freifallende Bomben, Splitterbomben-Behälter und Spezialmunition für das Zerstören von Startbahnen.

Die neue Mirage war das erste französische Kampfflugzeug, das zum automatischen Konturenflug in der Lage war. Die Besatzungen können mit ihm bei fast jedem Wetter in Bodennähe fliegen – im Frieden in Höhen um 100 Meter, im Kriegsfall niedriger.

Zur Zeit plant die Armée de l'Air mehrere Upgrades. Ab 2002 bekommen die Mirages ein neues Raketen-Warngerät. Es reagiert auf die Abschussflamme von Luft/Luft-oder Boden/Luft-Raketen und warnt die Besatzung. Gleichzeitig wirft es Tauschkörper ab, um die anfliegende Rakete irrezuführen. Auch das elektronische Selbstschutz-System zum Beobachten und Stören feindlicher Radars wird verbessert. Die ASMP-Lenkwaffen werden ab 2008 von einem verbesserten Flugkörper abgelöst. Außerdem führen die französischen Luftstreitkräfte von 2006 an einen neuen Aufklärungsbehälter ein. Der soll entweder im Tiefflug oder aus großer Höhe Aufnahmen machen und die per Datalink an eigene Truppen am Boden übertragen können.

Allerdings dienen die Mirage 2000N-Flugzeuge weiter der nuklearen Abschreckung. Etwa 70 Prozent aller Übungsmissionen trainieren für den Angriff mit Atomwaffen.

Die Mirage 2000D sieht der 2000N zum Verwechseln ähnlich. Ihre Aufgabe ist eine andere: Der Einsatz von Präzisionswaffen, also Luft/Boden-Raketen oder lasergelenkten Bomben. Die erste Mirage 2000D flog am 19. Februar 1991, die erste Serienmaschine startete am 31. März 1993. Die ersten Mirage 2000Ds waren im April 1995 einsatzbereit. Zur Jahresmitte 2001 erhielt die französische Luftwaffe die letzten von 86 Maschinen.

Die ersten Flugzeuge konnten nur ungelenkte Bomben abwerfen. Erst später kam die Fähigkeit hinzu, lasergelenkte Bomben des französischen Typs BGL 1000 und die Luft/Boden-Rakete AS-30 einzusetzen. Mittlerweile gehören auch lasergelenkte Bomben aus US-Produktion zum Mirage-Arsenal. Diese Bewaffnung erklärt den augenfälligsten Unterschied zur N-Version: Die D-Modelle tragen den Laserzielbeleuchter Thales PDL-CT unter dem rechten Lufteinlauf. Dieser Behälter enthält einen Laser und einen Infrarot-Sensor. Der Laser strahlt das Ziel an. Dieser Reflex erscheint auf den Displays des Waffensystemoffiziers. Auch ein Sensor in der Spitze der Bombe empfängt diesen Reflex. Der Waffensystemoffizier steuert dann die Bombe auf den Reflex des Lasers zu.

Die Mirage 2000D kam zu spät für den Golfkrieg. Aber N- und D-Varianten kamen über Bosnien und dem Kosovo zum Einsatz. Sie nahmen 1995 an der Operation „Deliberate Force" teil, die zum Ende der Belagerung von Sarajewo führte. Dabei schossen die bosnischen Serben eine Mirage 2000N mit SAM-7-Raketen ab, einer hitzesuchenden Flugabwehrrakete, die ein Mann von der Schulter abfeuern kann. 15 Mirage 2000D flogen während der Operation „Allied Force" Einsätze über Serbien und dem Kosovo – überwiegend bei Nacht. Verluste hatten sie nicht.

Die Mirage-Bomber gelten als sehr effektive Kampfflugzeuge. Fast so wendig wie die Mirage-Jäger, sind sie wegen ihrer geringen Größe und des kleinen Radarquerschnitts nur schwer zu orten. Und ihre elektronischen Stör-

Eine F-15E in großer Höhe. Bild: USAF

systeme sorgten selbst bei amerikanischen Manövergegnern für unangenehme Überraschungen.

Die F-15E Strike Eagle hat eine ähnliche Geschichte wie die französische Mirage 2000D/N. Auch dieses Flugzeug entstand aus dem zweisitzigen Trainer eines reinen Jägers – der F-15 Eagle. Aber die Strike Eagle ist ein echtes Mehrzweck-Kampfflugzeug. Sie kann sowohl als Bomber wie als Jäger operieren und hat die überragenden Luftkampf-Eigenschaften der Einsitzer.

Zwei F-15E bei einem Übungsflug. Bild: Boeing

Die F-15E ist das Produkt des Wettbewerbs um einen sogenannten „Dual Role Fighter". Den schrieb die US Air Force Anfang der 80er Jahre aus, als sie nach einem Nachfolger für ihre älteren F-111-Maschinen suchte. McDonnel Douglas, heute Teil von Boeing, stellte bereits 1980 einen F-15E-Demonstrator vor. Neben der F-15E kam die F-16XL in die engere Wahl. Das war eine verbesserte F-16 mit neuem Flügel und einem längeren Rumpf. 1983 ließ die amerikanische Luftwaffe beide Maschinen in einem Vergleichsfliegen gegeneinander antreten. Am Ende bestellte sie 392 F-15E.

Der erste Prototyp mit Produktionsstandard flog am 11. Dezember 1986, das erste Serienflugzeug ein Jahr später.

Die Strike Eagle erreicht in Höhen um 12.000 Meter maximal 2.443 Kilometer pro Stunde (Mach 2,54). Sie kann längere Zeit mit Mach 2,3 fliegen. Ihre größte Reichweite liegt bei 4.445 Kilometern, der größte Einsatzradius bei 1.270 Kilometern. Das Kampfflugzeug kann ein beeindruckendes Waffenarsenal transportieren: Eine sechsläufige 20 Millimeter-Kanone mit 940 Schuss Munition und maximal 11 Tonnen Bomben. Das kann fast jede Abwurfwaffe sein, die die US Air Force zur Zeit besitzt: Schüttbombenbehälter, freifallende Bomben, lasergelenkte Bomben und Luft/Boden-Lenkwaffen. Gegen Luftziele verschießt die F-15E infrarotgesteuerte Sidewinder-Raketen, die radargesteuerte Sparrow-Lenkwaffe oder die neue AIM-120 mit aktivem Radarsuchkopf.

Wie seine Artgenossen, etwa der Tornado oder die ältere F-111, findet die Strike Eagle ihre Ziele auch bei Nacht und schlechtem Wetter. Außerdem ist das Flugzeug für den automatischen Konturenflug ausgerüstet.

Kernstück des Navigationssystems sind die beiden LANTIRN-Behälter unter den Lufteinläufen. LANTIRN steht für „Low Altitude Targeting Infra-Red or Night". In diesen Behältern stecken Geländefolge-Radar, Infrarot-Sensoren und Laser für das Navigieren im Tiefflug und zur Zielerfassung.

Der LANTIRN-Behälter unter dem rechten Lufteinlauf enthält das Geländefolge-Radar und einen nach vorne gerichteten Infrarot-Sensor. Bei eingeschaltetem Autopilot ist das Radar direkt mit der automatischen Steuerung verbunden. Der Computer fliegt die Maschine dann nach den Radardaten. Wenn der Pilot auf manuellen Flug umschaltet, sieht er die Radardaten auf seinen Displays. Das Infrarotbild erscheint als holografische Projektion in seinem Head-Up-Display, einem transparenten Bildschirm direkt in Augenhöhe, in dem die Avionik ständig die wichtigsten Flugdaten einblendet. Mit diesem System kann die F-15E bei Nacht und schlechtem Wetter in Höhen um sechzig Meter und bei Geschwindigkeiten um 900 Kilometer pro Stunde operieren.

Unter dem linken Lufteinlauf hängt der Behälter zur Zielerfassung. An seiner Spitze befindet sich ein hochauflösender Infrarotsensor, der mit einem Laser verbunden ist. Beide sind beweglich. Das Infrarot-Gerät liefert ein Bild des Ziels, der Laser markiert es für lasergesteuerte Bomben.

Ihre ersten Kampfeinsätze erlebten die Strike Eagles im Golfkrieg. Sie bombardierten militärische Kommunikationseinrichtungen, verbunkerte Stellungen der irakischen Armee und andere Punktziele. Außerdem patrouillierten sie über den ausgedehnten Wüsten im Westen des Landes, um SCUD-Raketenstellungen aufzuspüren, bevor diese ihre Raketen abfeuern konnten. Auch über dem ehemaligen Jugoslawien kamen F-15Es zum Einsatz.

Zur Zeit fliegen 226 Maschinen für die US Air Force. Die kauft weiter kleine Serien, um Verluste durch Unfälle zu ersetzen und die Produktionslinie offen zu halten. Israel erhielt 25 Maschinen mit leichten Veränderungen als F-15I. Saudi-Arabien kaufte 72 F-15S. Außerdem bietet Boeing die F-15E zur Zeit der südkoreanischen Luftwaffe an.

Eine F-15E wirft eine lasergelenkte Bombe. Bild: Boeing

Zwei F-15E rollen zum Start. Bild: U.S. Air Force

Kampfflugzeuge ohne Fortune?

Die Geschichte der Su-30 und der Su-32/34 wäre ohne den Zusammenbruch der Sowjetunion sicher anders verlaufen. Beide Flugzeuge sind Weiterentwicklungen des schweren Jagdeinsitzers Sukhoi Su-27, NATO-Code „Flanker".

Die Sukhoi Su-30 unterscheidet sich äußerlich kaum von den zweisitzigen Su-27-Trainern. Auffällig ist nur die ausfahrbare Luftbetankungssonde. Ursprünglich bot Sukhoi der sowjetischen Luftwaffe die Su-30 als zweisitzigen Langstreckenjäger an. Damals hieß das Flugzeug noch Su-27PU. 1989 flogen zwei Prototypen, und die sowjetischen Luftstreitkräfte bestellten das Flugzeug. Aber kaum flogen die ersten Serienmaschinen, stornierte das Mi-

Die Su-30MK ist ein zweisitziges Mehrzweckkampfflugzeug. Sie ist die Exportversion des Jägers Su-30.
Bild: Archiv GN

litär wegen Geldmangels den Auftrag. Sukhoi sah sich daraufhin nach Exportkunden um und begann, das Kampfflugzeug als Su-30MK zu vermarkten. Jetzt sollte ein Mehrzweckkampfflugzeug wie die amerikanische F-15E entstehen. 1993 stellte das russische Unternehmen auf dem Pariser Aero Salon einen Demonstrator vor, der aber nicht viel mehr war als ein Su-27-Trainer mit eindrucksvollen Bombenattrappen. Trotzdem interessierte sich die indische Luftwaffe für das Flugzeug. Indien kauft einen großen Teil seiner Rüstungsgüter in Russland. Die indische Luftwaffe flog bereits die MiG-29, war aber mit den Leistungen des Flugzeugs nicht wirklich zufrieden. Außerdem fehlte ihr ein echtes Mehrzweckkampfflugzeug, das auch moderne Präzisionswaffen einsetzen konnte.

Sukhoi schlug den Militärs die Su-30MKI vor, eine Su-30MK mit Canards an den Flügelwurzeln und Schubvektorsteuerung. Außerdem sollte das neue Flugzeug Gleitbomben und Boden/Luft-Raketen der neuesten russischen Generation tragen können. Die Su-30MKI fliegt in derselben Leistungsklasse wie die F-15E: Mach 2,35 oder 25000 Kilometer pro Stunde Höchstgeschwindigkeit in 11.000 Metern, Mach 1,1 oder 1350 Kilometer pro Stunde in Meereshöhe. Der Aktionsradius bei Unterschallgeschwindigkeit beträgt 1200 Kilometer, die Überführungsreichweite 4000 Kilometer. Das Flugzeug ist mit einer 30mm-Revolverkanone bewaffnet und kann bis zu acht Tonnen Waffenlast tragen. Außerdem machen die beweglichen Schubdüsen am Heck der Su-30MKI ungewöhnlich wendig. Sie lassen sich im Flug bis um 15 Grad nach oben, unten oder nach links und rechts bewegen.

1996 schloss Indien mit Sukhoi und dem Produktionswerk in Irkutsk einen 3,6 Milliarden Mark schweren Vertrag über die Lieferung von 40 Su-30MKIs. Weitere 140 Maschinen und die neuartigen Triebwerke sollten in Indien in Lizenz gebaut werden.

Die 40 Maschinen sollten ab 1997 bis Mai 2000 in mehreren Losen geliefert werden, die ersten ohne Canards und Schubvektorsteuerung, die folgenden dann nach dem vereinbarten Standard. Gleichzeitig wollte Sukhoi die älteren Maschinen auf den MKI-Standard umrüsten. Für Sukhoi ein Meisterstück: Man hatte Indien ein Kampfflugzeug verkauft, das noch gar nicht existierte.

Das Su-30MKI-Programm selbst geriet schnell in die Schwierigkeiten, die auch westliche Kampfflugzeug-Programme kennzeichnen. So ließen sich die vereinbarten Liefertermine nicht einhalten. Und die indische Luftwaffe monierte, dass die ersten Maschinen keineswegs fabrikneu waren. Vielmehr lieferte Sukoi 1997 acht Su-27PU-Langstreckenjäger, die eigentlich überholungsbedürftig waren.

Die größte Hürde bildete die Avionik. Die sollte zum Teil aus Russland kommen, zum Teil aus Israel und Frankreich. Andere Komponenten wollte Indien selbst liefern. Aber die indischen Eigenentwicklungen – Missionsrechner, Radarcomputer und Signalprozessor – wurden nie fertig und schließlich gestrichen. Die Lieferung westlicher Komponenten verzögerte sich. Sie fielen nämlich unter die gegen Indien wegen seiner Atomversuche verhängten Embargos. Die russische Industrie geriet wegen finanziellen Problemen mit ihren Komponenten in Verzug. Damit rückte die Integration des gesamten Waffensystems in weite Ferne.

1998 unterzeichneten die indischen und russischen Partner einen veränderten Liefervertrag. Aber außer zehn Su-30-Jägern mit rudimentärer Bodenangriffseignung erhielt die indische Luftwaffe keine weiteren Flugzeuge. Dafür flogen 1998 endlich beide Su-30MKI-Prototypen. Erst am 23. September 2001 startete die erste Serienmaschine zum Jungfernflug – zu einem Zeitpunkt, als die 40 bestellten Flugzeuge längst an Indien abgeliefert sein sollten.

Während Sukhoi die beiden ersten Su-30MKIs testete, geriet das Programm in Indien ins Zentrum politischer Auseinandersetzungen. Es galt als zu teuer und zu ehrgeizig. Und es wurde auf Korruptionsfälle hin durchleuchtet. Die 18 Su-30-Maschinen der indischen Luftwaffe hatten Triebwerksprobleme, die ein schlechtes Licht auf die noch gar nicht gelieferten Su-30MKIs warfen.

Im Dezember 2000 einigten sich Rußland und Indien auf einen neuen Zeitplan. Indien erhält jetzt 50 Su-30MKI aus russischer Produktion. Diese Zahl schließt die bereits gelieferten Su-30-Maschinen ein. Die sollen nach und nach zu MKIs umgerüstet werden. Außerdem baut die indische Luftfahrtindustrie 140 Su-30MKIs in Lizenz. Die fehlenden 32 Maschinen aus dem Vertrag von 1996 will Sukhoi bis 2003 ausliefern. In Indien sollen in den nächsten siebzehn Jahren 10 bis 12 Maschinen pro Jahr vom Band laufen. Die indische Luftwaffe bekommt also 190 Maschinen – zehn mehr als 1996 vereinbart. Wenn alles glatt geht.

1999 fand Sukhoi einen zweiten Kunden für sein Su-30MK-Kampfflugzeug: Die Volksrepublik China. Die chinesische Luftwaffe fliegt bereits Su-27-Jäger und kaufte 45 Su-30MKK. Die Su-30MKK ist ein konventionelles Flugzeug ohne Carnards und Schubvektorsteuerung. Inzwischen hat auch Vietnam Flugzeuge dieses Typs bestellt. Malaysia wiederum interessiert sich für die Su-30MKI.

War die Su-30 eine Weiterentwicklung des zweisitzigen Su-27-Trainers, so ist die Su-32/34 eine viel radikalere Abwandlung der Su-27. Das Flugzeug soll die Su-24 als Mittelstreckenbomber und Träger von Präzisionswaffen ablösen.

In der Su 32/34 sitzen Pilot und Waffensystem-Offizier nebeneinander. Die Maschine bekam also eine völlig neue Bugsektion und Carnards an den Flügelwurzeln. Für Erdkampfeinsätze wurde die Konstruktion verstärkt. Die Besatzung sitzt hinter einer Titanpanzerung. Außerdem ist der Hecksteiß zwischen den Triebwerken länger als bei der Su-27. Er enthält ein nach hinten gerichtetes Radar, das die Besatzung vor angreifenden Jägern warnt.

Su-27IB (Su-34), die zweisitzige Jagdbomberversion. Die beiden Piloten sitzen nebeneinander. Bild: Archiv GN

In seinen Leistungen entspricht das Flugzeug allen anderen Su-27- und Su-30-Varianten. Es ist mit einer 30-Millimeter-Kanone bewaffnet und trägt wie alle anderen „Flanker" bis zu acht Tonnen Waffen an Aufhängepunkten unter Rumpf und Flügeln. Die Su 32/34 kann fast das gesamte Arsenal der russischen Luftwaffe einsetzen. Dazu gehören die Luft/Luft-Lenkwaffen der Su-27-Jäger und die Luft/Boden-Lenkwaffen der Su-24 „Fencer".

Der erste Prototyp flog am 13. April 1990, der zweite am 18. Dezember 1993. Diesen beiden Flugzeugen folgten zwischen 1994 und 2000 vier Vorserienmaschinen. Sie haben Geländefolgeradar, ein digitales Cockpit und ein modernes Fly-by-wire-Steuerungssystem. 1999 flog eines dieser Flugzeuge Kampfeinsätze über Tschetschenien.

Allerdings geht die Arbeit am Su32/34-Programm nur langsam voran. Die russische Luftwaffe hat kaum Geld für die nächste Kampfflugzeug-Generation. Sukhoi konzentriert sich auf den Export der Su-27 und der Su-30. Trotzdem will die russische Luftwaffe 2004 die ersten Su-32/34 in Dienst stellen. Sie sollen die Su-24 als Mittelstreckenbomber und als Marinekampfflugzeug ablösen. Später sollen spezielle Versionen für Aufklärung und elektronische Kampfführung gebaut werden.

Sukhoi rechnet sich große Exportchancen für dieses ungewöhnliche Kampfflugzeug aus. Aber der Erfolg hängt davon ab, ob es die russische Luftwaffe wirklich kauft. Und die hat zur Zeit nicht einmal Geld für die notwendige Nachrüstung der Su-24. Die Zukunft muss zeigen, ob die Su-32/34 mehr wird als eine Serie vielversprechender Prototypen. Und ob Sukhoi mit diesem Flugzeug an die Exporterfolge der Su-30 anknüpfen kann.

4

Traumberuf Flieger

Der Weg ins Cockpit

Am Steuer oder an den Navigationsinstrumenten eines Düsen-Kampfflugzeugs zu sitzen – das ist immer noch ein echter Traumberuf. Aber der Weg ist lang. Nur wer die hohen Anforderungen erfüllt, nimmt in den Jets Platz. Doch zur Zeit stehen die Chancen gut, die begehrten „wings" als Zeichen der erfolgreich bestandenen Piloten-Ausbildung auch zu bekommen. Oder den Globus der Waffensystem-Offiziere. Luftwaffe und Marine plagen Nachwuchssorgen beim fliegenden Personal. Obwohl gerade das Steuern eines schnellen Jets in populären Filmen und Fernsehserien mit einem abenteuerlichen Nimbus versehen wird, schlugen in den letzten Jahren nur wenige Bewerber den Weg in die Militärfliegerei ein. Daher braucht die Bundeswehr zur Zeit junge Piloten und Waffensystem-Offiziere.

Ihre Jobs hängen zusammen: Der Pilot fliegt, der Waffensystem-Offizier oder WSO navigiert. Außerdem übernimmt der WSO die Kommunikation mit anderen Flugzeugen, und er sorgt dafür, dass das Flugzeug für den Waffeneinsatz in die taktisch optimale Position kommt.

Diese Ausbildung dauert etwa vier Jahre. Sie ist aufwendig und teuer – etwa 2,5 Millionen D-Mark pro Mann oder Frau. Um dieses Geld nicht umsonst auszugeben, sucht die Bundeswehr ihre zukünftigen Flieger aus, bevor diese Soldaten werden. Auch für die Bewerberinnen und Bewerber ist es die bessere Lösung: Nichts ist schlimmer, als auf halbem Weg durch die Ausbildung aussortiert zu werden.

Bewerberinnen und Bewerber müssen für die Offizierslaufbahn in Frage kommen. Sie sollten also entweder Abitur oder Fachabitur, den Realschulabschluss oder eine gleichwertige Qualifikation und eine abgeschlossene Lehre haben. Das kann auch eine abgeschlossene Unteroffiziersausbildung mit Beförderung zum Unteroffizier oder Maat sein.

Die Vorauswahl

Am Anfang steht die Eignungsprüfung. Sie findet vor Eintritt in die Bundeswehr statt. Sie umfasst Tests am Computer, mehrere Assessmentcenter und eine psychologische Untersuchung. Diese Prüfung hat drei Phasen.

Die erste Phase dauert drei Tage. Ort: Die Prüfzentrale für Offiziersbewerber der Bundeswehr in Köln. Dieser Abschnitt ist wenig fliegerisch. In computerunterstützten Tests prüfen Experten die allgemeine Intelligenz, Konzentrationsfähigkeit, das Gedächtnis, Lernfähigkeit und mathematische Begabung. Die Bewerber schreiben einen Aufsatz und müssen in Vorträgen und Gruppendiskussionen soziale Intelligenz, sprachliche Kompetenz, Urteilsvermögen und Verantwortungsbewusstsein zeigen.

Wer hier gut abschneidet, kann vor der fliegerischen Ausbildung an einer der beiden Bundeswehr-Unis studieren.

Phase Zwei besteht in einer gründlichen medizinischen und psychologischen Untersuchung am Flugmedizinischen Institut der Luftwaffe in Fürstenfeldbruck. Sie dauert fünf Tage und untersucht körperliche Fitness, psychische und physische Belastbarkeit, Teamfähigkeit und Stressresistenz. Ein ganzer Tag ist fliegerpsychologischen Tests gewidmet. Sie sollen zeigen, wie gut jemand unter Stress arbeitet und wie schnell er oder sie sich in komplexe Handlungsabläufe hineindenken kann. Im Assessmentcenter am zweiten Tag müssen die Bewerber gemeinsam Prüfungsaufgaben lösen und zeigen, wie gut sie im Team arbeiten. Am dritten Tag werden sie von Fliegerärzten auf Herz und Nieren geprüft. Wer später ein viele Millionen Mark teures Flugzeug steuern soll, muss fit sein.

Schließlich sitzen die Bewerber zum ersten Mal in einem – allerdings sehr einfachen – Flugsimulator. Zum ICA 90 (ICA steht für Instruments Coordination Analyzer) gehören fünf Testplätze, die von einem Kontrollraum aus überwacht werden. Jeder Testplatz hat einen Farbbildschirm, Steuerknüppel, Ruderpedale, Gashebel und Tastatur. Psychlogen überwachen die Kandidaten, um ihre Eignung bewerten zu können. Weitere Tests widmen sich dem räumlichen Vorstellungsvermögen, der Fähigkeit, die eigene Bewegung im Raum vorauszusehen, der Mehrfacharbeit und der Aufmerksamkeitsverteilung.

Gerade räumliches Vorstellungsvermögen ist für WSOs und Piloten wichtig: Sie müssen intuitiv wissen, wo ihr Flugzeug in Bezug auf Freund und Feind ist und wohin sich jeder einzelne bewegt. Und sie müssen die sich entwickelnde Situation voraussehen und beurteilen können. „Situational awareness" heißt

Ein Marine-„Tornado" überfliegt die Offiziersschule der Marine in Flensburg. Bild: MFG 2

diese Fähigkeit im Luftfahrt-Englisch. Sie ist zwar bis zu einem gewissen Grad angeboren, aber sie muss geschult werden. Wer dieses Talent nicht hat, wird kein guter Pilot.

In Phase Drei folgt die Prüfung auf einem zweiten, realistischeren Flugsimulator. Dieser Test entscheidet auch darüber, ob ein Bewerber in die Jetpiloten-Ausbildung geht, ins Training für die Waffensystem-Offiziere oder den Weg zum Transportpiloten einschlagen wird.

Erst danach gehen die zukünftigen Flieger zum Bund. Sie durchlaufen die Grundausbildung und gehen danach für 10 Monate auf die Offiziersschule der Luftwaffe. Zukünftige Marineflieger absolvieren die normale Grundausbildung der Marine. Dann steht die neunmonatige Offiziersausbildung auf der Offiziersschule der Marine in Flensburg auf dem Programm. Teil dieser Ausbildung ist ein drei Monate langes Praktikum auf einem Kriegsschiff. Wer sich besonders qualifiziert, kann vor der fliegerischen Ausbildung an einer der beiden Bundeswehr-Universitäten studieren.

Anschließend werden die zukünftigen „Tornado"-Flieger zur 9. Inspektion der Offiziersschule der Luftwaffe versetzt. Hier zieht die Bundeswehr alle Anwärter für den Fliegerischen Dienst von Luftwaffe und Marine zusammen.

Dann beginnen die Kandidaten ihre fliegerische Vorausbildung. Die dauert acht Monate. Sie beginnt mit einem intensiven Englisch-Kurs. Der bereitet alle Anwärter auf das sprachliche Niveau ihrer Ausbildung vor. Er richtet sich nach dem Können, das der einzelne Anwärter mitbringt. In Einzelfällen kann diese Sprachschulung ein halbes Jahr oder länger dauern.

Der Kurs legt besonderes Gewicht auf die Fliegerei und auf den „American Way of Life" – als Vorbereitung auf die Jet-Ausbildung in den USA. Ein weiterer Punkt ist eine gründliche medizinische Untersuchung auf Jet-Tauglichkeit hin. Diese Untersuchung steht von nun an jedes Jahr auf dem Programm – sie ist eine Art „Flieger-TÜV" und stellt sicher, dass jeder die gesundheitlichen Belastungen seines Jobs aushält. Dann folgen eine Woche Training in der Unterdruckkammer und in der Zentrifuge. Der Sinn: Kennenlernen der eigenen Leistungsgrenzen und der Gefahren von Sauerstoffmangel.

Anschließend steht eine Woche Überlebenstraining auf See auf dem Programm. Diesen Lehrgang führt die Marine in Nordholz bei Cuxhaven durch. Er beinhaltet zunächst theoretischen Unterricht über richtiges Verhalten in Seenot. Dann üben die zukünftigen Flieger zwei Tage lang Überlebenstechniken – zunächst im Schwimmbecken. Das Gelernte muss anschließend einen Tag lang beim „Open Sea Training" angewendet werden.

Nach diesem Lehrgang folgen vier Wochen theoretischer Unterricht und Tests. Ihre ersten Flüge machen die angehenden Piloten und WSOs in Amerika. In Goodyear/USA lernen sie auf der Beechcraft Bonanza fliegen, einem mehrsitzigen einmotorigen Propellerflugzeug. Zunächst fliegen alle Anwärter 13 Stunden auf der Bonanza. Ihre Ausbilder stellen fest, ob die Auswahl bisher richtig war. Und sie entscheiden, wer Pilot und wer Waffensystem-Offizier wird. Die Piloten-Anwärter fliegen dann weitere 17 Stunden, die zukünftigen WSOs acht.

Die Vorbereitung auf die Fachausbildung in den USA findet wieder in Deutschland statt. Sie dauert zwei Monate und ist eine der anstrengendsten Phasen der ganzen Ausbildung. Die Anwärter durchlaufen weitere Gesundheits-Checks und werden auf ihre jeweilige Fachausbildung vorbereitet – im 12-Stunden-Schichtdienst und nach amerikanischen Vorschriften. Die Unterrichtssprache ist, wie später auch, Englisch.

Fliegen lernen in Amerika

Die fliegerische Ausbildung in den USA dauert insgesamt zwei Jahre. Hier trennen sich die Wege: Die zukünftigen Piloten gehen für 12 Monate zum „Euro-NATO Joint Jet Pilot Training" (ENJJPT) auf die Sheppard Air Force Base im US-Staat Texas. Wer Waffensystem-

Der Jettrainer T-37, den auch die Luftwaffe zur Ausbildung einsetzt. Bild: U.S. Air Force

Offizier (WSO) wird, durchläuft die 15-monatige WSO-Ausbildung der US Navy in Pensacola am Golf von Mexiko.

Das Euro-NATO Joint Jet Pilot Training beginnt mit einer vierwöchigen Einweisung ins Ausbildungsprogramm und in die Richtlinien der U.S. Air Force, die ENJJPT durchführt. Dann folgen sechs Monate Training auf der Cessna T-37.

Die Cessna T-37 ist ein kleines, zweistrahliges Übungsflugzeug. Pilot und Fluglehrer sitzen nebeneinander. Der eine oder andere Flieger erinnert sich nicht gerne an dieses Flugzeug: „Die unwirtschaftlichste Art, Sprit in Krach umzuwandeln", heißt es dann. So schlecht kann das Flugzeug aber nicht sein. Es ist der Standard-Jettrainer der amerikanischen Luftwaffe. Auch die Luftwaffen Portugals, Pakistans, Griechenlands und einiger lateinamerikanischer Staaten schulen ihre Piloten auf der T-37. Die Bundesluftwaffe besitzt 34 T-37B, die aus völkerrechtlichen Gründen mit US-Kennzeichen fliegen.

Die Teilnehmer lernen in 125 Flugstunden auf der T-37B das Fliegen nach Sicht, nach Instrumenten, in Formation und im Tiefflug.

Eine T-37 der U.S. Air Force .
Unten: Eine Formation von amerikanischen T-37-Maschinen. Bilder: U.S. Air Force

Hinzu kommt ein intensives und anstrengendes Theorieprogramm.

Dann folgen sechs Monate Training auf der überschallschnellen Northrop T-38A Talon. Unter Fliegern heißt sie „White Rocket". Bei der Bundesluftwaffe fliegen 40 Exemplare dieses schnittigen Zweisitzers. Die T-38A ist die Trainerversion eines leichten Düsenjägers – der Northrop F-5. Die USA exportierten die F-5 im Rahmen der Militärhilfe an ihre Verbündeten in aller Welt. Nur die F-5E flog auch für die U.S. Air Force – als sogenanntes „Aggressor"-Flugzeug in Spezialeinheiten, die sich auf sowjetische Einsatztaktiken spezialisiert haben. Sie stellen bei Übungen feindliche Jäger dar, um das Training so realistisch wie möglich zu machen.

In 135 Stunden auf der T-38 lernen die Flugschüler den Flug jenseits der Schallmauer. Sie werden weiter im Formationsflug geschult, im Tiefflug und im Flug nach Instrumenten. Außerdem steht „aircraft handling" auf dem Programm. Für Außenstehende sieht das aus wie Kunstflug. Tatsächlich heißt es, die T-38 bis an ihre Grenzen zu fliegen und zu lernen, ein Überschallflugzeug zu beherrschen. Im Gegensatz zu modernen Jets gibt es in der T-38 „Talon" kein fly-by-wire-System. Das Flugzeug ist wegen seiner Stummelflügel und den starken Triebwerken schwer zu meistern. Ein Training, das sich später auszahlt. „Wer die T-38 fliegen kann, kann alles fliegen", sagt Major Markus Göhler vom Aufklärungsgeschwader 51.

Nach diesem Ausbildungsabschnitt werden aus den Anwärtern Piloten: Sie bekommen ihre „wings" verliehen – die stilisierte Schwinge, die die Piloten an Uniform oder Fliegerkombi tragen. Außerdem erhalten sie sowohl das deutsche als auch das amerikanische Abzeichen – schließlich haben sie die hohen Standards beider Luftwaffen erfüllt. Außerdem entscheidet sich, welchen Flugzeugtyp die Piloten später fliegen – die F-4F „Phantom II" oder den „Tornado".

Dann folgen 2 Monate „Introduction to Fighter Fundamentals" (IFF) – gewissermaßen die Grundausbildung der angehenden Kampfpiloten. Sie umfasst grundlegende Luftkampfmanöver, das Schießen mit Bordwaffen und

Auf der Northrop T-38 machen die angehenden Piloten ihre ersten Erfahrungen im Überschallflug. Bilder: U.S. Air Force

Zur „Introduction to Fighter Fundamentals" steigen die jungen Flieger auf die AT-38 (linkes Bild) um, eine bewaffnete Version der T-38. Rechts eine amerikanische T-38 und eine AT-38 in Formation. Bilder: U.S. Air Force

den Bombenwurf. Geflogen wird die AT-38, eine bewaffnete Version der „Talon", die Bomben und Kanonenbehälter tragen kann.

Die zukünftigen WSOs absolvieren ihre 15-monatige Ausbildung bei den amerikanischen Marinefliegern in Pensacola/Florida. Dieser Kurs gilt als die beste WSO-Ausbildung der Welt. Und weil sie die US Navy durchführt, widmen die Ausbilder dem Überleben auf See viel Zeit. So muss jeder eine Meile oder 1,6 Kilometer in voller Fliegermontur in weniger als 90 Minuten schwimmen. Diese Zusammenarbeit zwischen U.S. Navy und Bundeswehr ist relativ neu – es gibt sie erst seit vier Jahren.

Die deutschen Schüler betreut die 2. Luftwaffen-Ausbildungsstaffel. Die Ausbilder sind in der Regel amerikanische Offiziere. Geschult wird im Simulator und auf verschiedenen Flugzeugtypen. Für die Grundausbildung nutzt die US Navy die Beech T-34; für alles andere umgerüstete Business-Jets.

Die Ausbildung auf der T-34 dauert etwa fünf Monate. Zunächst fliegen die WSO-Anwärter selbst. Sie steigen zu zehn Flügen mit der T-34 auf. Der Grund: Die WSOs sollen sich später in den Piloten hineinversetzen und seine Aufgaben verstehen lernen. Auf dem Programm stehen Sicherheitsverfahren und Landetechniken. „Danach zieht man sich ins hintere Cockpit zurück", erläutert Markus Zschorrlich, WSO beim Aufklärungsgeschwader 51. Die Ausbildung auf der T-34 legt Grundlagen in Bereichen wie Tiefflugnavigation und den Besonderheiten von Langstreckenflügen. Außerdem stehen Formationsflug und das Fliegen auf Luftstraßen im Lehrplan.

Für die nächste Phase ist die U.S. Air Force verantwortlich. Sie dauert etwa einen Monat.

Angehende WSOs beginnen ihre Ausbildung auf der Beech T-34 „Turbo Mentor".Unten: Spitzname „Thunder Guppy" – die Rockwell T-2A „Buckeye". Bilder: U.S. Navy

Auf der T-1 „Jayhawk" lernen die WSO-Anwärter zum ersten Mal das Fliegen im Jet kennen. Sie sitzen auf dem Platz des Copiloter und fungieren als Navigator. Hinter ihnen unc dem Pilot sitzt der Fluglehrer. Der Schwerpunkt dieses Abschnitts: Vertiefen der Kenntnisse in Tiefflugnavigation, außerdem das Navigieren nach Instrumentenflugregeln.

Für die Grundlagen der taktischen Navigation und der Einsatzfliegerei wechseln die Flugschüler auf die Rockwell T-39N „Sabreliner" einen zweistrahligen Jet mit Platz für 2 Besatzungsmitglieder und sechs Passagiere. Die T 39 ist ein fliegendes Klassenzimmer mit Arbeitsstationen für die WSO-Anwärter. Da Flugzeug selbst ist ein Radartrainer. „Mar lernt, Radarbilder zu interpretieren und nacl Karte zu fliegen", sagt Zschorrlich.

Die WSO-Anwärter fliegen 66 Stunden au der T-39. Die ersten zwei Monate sind de Bodennavigation gewidmet, die restlicher vier dem Luft/Luft-Einsatz des Radars. Neber ihrer Zeit in der T-39 verbringen die Schüle 58,5 Stunden am Simulator.

Danach steigen sie für zwei Monate in einen Kampftrainer – die Rockwell International T-2C „Buckeye". Unter Fliegern heißt da Flugzeug wegen seiner gedrungenen Forn und der lauten Triebwerke „Thunder Guppy" Die T-2 ist ein zweisitziger Strahltrainer mi hintereinander liegenden Sitzen. Die U.S. Navy verwendet „Buckeyes" seit 1969 in ihrer Trainingsprogrammen. Auf der T-2 lernen die angehenden WSOs die Grundlagen des Nahkampfes zwischen Flugzeug und Flugzeug Außerdem werden die Inhalte der vorangegangenen Kurse vertieft.

Wer auch diese Phase erfolgreich absolvier hat, bekommt seine „wings". Auch die frisch gebackenen Waffensystem-Offiziere erhalter zwei Fluglizenzen – die amerikanische und die deutsche. Auch für sie fällt jetzt eine wichtig

Entscheidung: Sie erfahren, ob sie im hinteren Cockpit einer F-4F oder eines „Tornado"-Jagdbombers Platz nehmen werden.

Die Marine schickt ihre Flieger jetzt für drei Monate nach Bremerhaven. Dort werden sie in Meldeverfahren, die verschiedenen Flottillen und die Waffensysteme der Marine eingewiesen.

Das Waffensystem „Tornado"

Der nächste Abschnitt führt Piloten und WSOs wieder zusammen. Die „Tornado"-Flieger lernen jetzt ihr Waffensystem kennen. Auch das geschieht in den USA. Die Luftwaffe unterhält auf der Holloman Air Force Base in New Mexico ein eigenes Ausbildungszentrum für ihre F-4- und Tornado-Crews.

Das Fliegerische Ausbildungszentrum der Luftwaffe ist eine sehr junge Einrichtung. Sie wurde am 31. März 2000 ihrer Bestimmung übergeben. Die Bundeswehr hat ihre „Tornado"-Ausbildung in die USA verlegt, weil das deutsch-englisch-italienische „Tornado"-Schulungszentrum im englischen Cottesmore 1999 geschlossen wurde. Die Übungsbedingungen sind in New Mexico ungleich besser: Es gibt etwa dreihundert Tage im Jahr mit idealem Flugwetter. Holloman liegt in der Nähe mehrerer Übungsgelände für den Luft/Boden-Einsatz. Außerdem können die Besatzungen dort ohne Einschränkungen den Tiefflug üben, eine Spezialität des „Tornados".

Bei Eröffnung des Zentrums waren 25 „Tornados" in Holloman. Bis 2001 sollen es 42 Maschinen werden. Außerdem wird die Bundeswehr dort 890 Soldaten und Zivilisten stationieren.

Die Luftwaffe bildet schon seit längerem Flieger in New Mexico aus. 1992 verlegte sie die Ausbildung der F-4-Besatzungen von der George AFB in Kalifornien in den Wüstenstaat.

Die Fuji T-1 wird als Navigationstrainer eingesetzt.
Bild: U.S. Air Force

1994 begann dann der Flugbetrieb mit einem Dutzend Tornados. Im Mai 1996 nahm das Taktische Ausbildungskommando der Luftwaffe USA seine Arbeit auf. Langfristig sollte aber die gesamte Ausbildung auf dem Waffensystem in Holloman konzentriert werden.

Der Waffensystem-Lehrgang für die Tornado-Besatzungen von Marine und Luftwaffe dauert sieben Monate. Sie lernen, ihr Flugzeug zu beherrschen; hinzu kommt die Ausbildung im Luftkampf und im Einsatz gegen Bodenziele.

Piloten fliegen etwa 90 Stunden, die Waffensystem-Offiziere 68 Flugstunden. Nochmal 15 Stunden sind der Ausbildung im Team gewidmet. 220 Theoriestunden komplettieren den Lehrgang.

Nach dem Waffensystem-Lehrgang in Holloman kommen die „Tornado"-Besatzungen zum Jagdbombergeschwader 38 ins friesische Jever. Hier werden sie in drei Monaten auf den Einsatz im europäischen Luftraum vorbereitet. Denn der unterscheidet sich grundlegend von den Verhältnissen in Amerika. Das Wetter ist schlechter, was den Flug nach Sicht erschwert. Lärmschutzrichtlinien schränken den Tiefflug und das Fliegen bei Nacht ein. Das Netz der zivilen Luftverkehrskontrolle ist enger, der Luftverkehr dichter. Also steht erneut das Fliegen nach Instrumenten auf dem Programm. Die Flieger machen hier ihre Instrumentenflug-Lizenz.

Taktische Erstausbildung in den Geschwadern

Dann trennen sich die Wege. IDS-Flieger bleiben entweder in Jever oder werden zu einem der anderen Jagdbombergeschwader versetzt. Marineflieger melden sich bei der 3. Staffel des Marinefliegergeschwaders 2 in Terp bei Flensburg. Wer den ECR-Tornado fliegt, zieht nach Lechfeld bei Augsburg zum Jagdbombergeschwader 32. Aufklärer gehen zum Aufklärungsgeschwader 51 nach Jagel bei Schleswig.

Die taktische Erstausbildung dauert zwischen neun und zwölf Monaten. Durch die Schulung in Holloman beherrschen die jungen Waffensystem-Offiziere und Piloten alle grundlegenden Funktionen ihres Flugzeugs. Diese Kenntnisse werden weiter vertieft.

Defensiver Luftkampf

Das Luftkampftraining ist in erster Linie defensiv ausgerichtet. Die Flieger üben also den Beschuss von Luftzielen mit den Bordkanonen und verschießen zum ersten Mal eine „Sidewinder"-Lenkwaffe. Die Taktiken zielen darauf ab, sich selbst oder die eigene Formation gegen Jäger zu verteidigen.

„Gun Jinks" sind Ausweichmanöver bei Jäger-Angriffen mit Maschinenkanone. Die Besatzung ändert so willkürlich und unberechenbar wie möglich Kurs und Höhe.

Zum Flugprogramm gehören extreme Manöver wie Rollen, Fassrollen und der „Clover Leaf". Das ist ein Vierfach-Looping. Beim „Clover Leaf" zeichnet das Flugzeug die

Die jungen Besatzungen durchlaufen in Jever die Europäisierung, bevor sie in die Geschwader kommen. Im Bild: Leutnant Jan Schlütter (Pilot) und Leutnant zur See Philipp Mandau (WSO). Bild: Autor

Konturen eines vierblättrigen Kleeblatts in den Himmel. Beim „Kick" fliegt der Pilot willkürliche Richtungsänderungen um bis zu 30 Grad. Ein „hard turn" ist eine Kurve mit maximaler G-Beschleunigung. Der Pilot behält dabei die Geschwindigkeit bei.

Der „break turn" ist ein Notmanöver für den Fall, dass eine Luft-Luft-Rakete auf das eigene Flugzeug abgefeuert wurde. Der Pilot fliegt eine scharfe Kurve und sprengt die Waffenlast ab. Die heranrasende Rakete soll am Flugzeug vorbeischießen. In der Regel verschwindet der Kampfjet dann aus dem Erfassungsbereich des Suchkopfes. Meistens hat die Rakete dann ihren Treibstoff schon verbrannt und fällt zur Erde.

Entscheidend für den Luftkampf ist der geschickte Umgang mit der Bewegungsenergie des Flugzeugs. Ein Pilot erhält diese Energie, indem er entweder möglichst schnell oder möglichst hoch fliegt. Für „Tornado"-Besatzungen ist das eine sehr wichtige Fähigkeit. Denn ihr Flugzeug ist modernen Jägern im Luftkampf unterlegen. „Ich habe gegen eine F-16 nur dann eine Chance, wenn meine Energie so groß ist, dass ich aus ihrer Waffenreichweite herausfliegen kann", sagt Korvettenkapitän Broder Nielsen. Ein 400 oder 450 Knoten schneller „Tornado" könnte eine F-16 hinter sich lassen. Denn die muss rollen und kurven, um in Schußposition zu kommen. Wenn sie das Manöver beendet, ist der „Tornado" außer Reichweite. Fliegt der „Tornado" nur 350 Knoten, ist der Jäger in 20 Sekunden in Schussposition.

Ein Lehrgang beschäftigt sich mit den Verteidigungssystemen des Flugzeugs. Das sind der Radarwarn-Empfänger, der Cerberus-Störbehälter und der BOZ-101-Werfer für Täuschkörper.

Die Missionen

Die Erstausbildung schult in der Einsatzplanung und im Zusammenwirken von Angriffs- und Unterstützungskräften. Die NATO nennt das „Composite Air Operations" (COMAO). Eine COMAO ist der Einsatz eines für eine bestimmte Mission maßgeschneiderten Verbandes von Kampf- und Unterstützungsflugzeugen.

Je nach Auftrag können zu so einem Verband IDS-Tornados oder andere Bomber, ECR-Tornados oder andere SEAD-Maschinen, Tanker, Tornado-Aufklärer, elektronische Aufklärer, Jäger und AWACS-Maschinen gehören. Ein IDS-Verband, der einen verbunkerten Kommandostand angreifen soll, könnte aus acht IDS-Tornados und bis zu 50 Unterstützern bestehen – Tanker, SEAD-Maschinen, Jäger und ECM-Flugzeuge.

Die Vorbereitung einer solchen Mission ist eine komplexe Planungsaufgabe. Die Besatzungen müssen wissen, mit wem sie zusammenarbeiten. Sie müssen dem Bodenpersonal mitteilen, wie die Maschinen bewaffnet werden müssen. Sie brauchen Informationen über ihr Ziel und über die gegnerische Verteidigung. Sie müssen wissen, wann und wo sie ihren Jagdschutz treffen und wo die Tankflugzeuge kreisen, die sie unterwegs mit Treibstoff versorgen. Hinzu kommen die Kurse für Hin- und Rückflug, die Rufzeichen der beteiligten Maschinen.

Außerdem vertiefen IDS-Flieger ihr Wissen über die Waffeneinsatzverfahren und den Luftkampf. Hinzu kommt die besondere Einsatzrolle ihres Geschwaders. In Zukunft wird das bei einem IDS-Geschwader der Einsatz lasergelenkter Bomben sein. Ein zweites soll mit Marschflugkörpern ausgerüstet werden.

Aufklärer lernen den Einsatz der Sensoren ihres Flugzeugs: „Wie nimmt man sein Ziel, beispielsweise eine Brücke, richtig auf",erläutert Major Frank Göhler vom Aufklärungsgeschwader 51. Eine Aufklärerbesatzung muss ihre Ziel so überfliegen, dass die Kameras aussagefähige Bilder machen können. Eine gründliche Einführung in die verschiedenen Zielkategorien – Flugplätze, Gebäude, Fahrzeuge, Schiffe und anderes – vervollständigt das Training.

Junge ECR-Besatzungen durchlaufen zunächst das sechswöchige Basic Training. Es führt in die Besonderheiten des Kampfes gegen die gegnerische Luftverteidigung ein. Dann folgt das sogenannte „Tactical Training". Das besteht aus Flügen, Einsätzen im Simulator und Lehrgängen. Diese decken das gesamte Einsatzspektrum ab. Sie beschäftigen sich mit dem taktischen Einsatz der Waffen, dem Bordradar und der elektronischen Kriegsführung. Ein Kurs weist ins ELS ein, das Zielfindungssystem des ECR-Tornados. Ein weiterer Kurs behandelt die AGM 88 – HARM – Lenkwaffe und ihren Einsatz. Der HARM Target-Lehrgang vermittelt Wissen über die Waffensysteme, die die ECR-Besatzungen bekämpfen sollen – also jedes Radarsystem und jede Flugabwehrrakete, die ein potentieller Gegner benutzen könnte. Außerdem lernen die Teilnehmer, wie sie einen SEAD-Einsatz planen müssen. In dieser Phase stehen 20 bis 25 Einsatzflüge auf dem Programm. Hinzu kommen 10 Missionen im Simulator.

Die Erstausbildung der Marineflieger umfasst über 50 Flüge. Die erste Phase weist in das Operationsgebiet ein. Das sind Nord- und Ostsee, das Kattegat und der Skagerrak. Die Waffenphase schult im Einsatz der verschiedenen Waffen. Die „Tornado"-Flieger der Marine müssen Schiffsziele aus der Luft bekämpfen. Also werfen sie Übungsbomben auf Schleppziele mit Radarspiegel. Das sind rotierende Metallflächen, die Radarstrahlen reflektieren und dem Radar ein größeres Objekt anzeigen. Sie schießen mit den Bordkanonen auf eine Sprühscheibe, die von Schleppern oder Kriegsschiffen gezogen wird

Ein Bombenangriff auf ein Kriegsschiff könnte so ablaufen: Der „Tornado" fliegt tief an, zieht auf 12.000 Fuß oder 4.000 Meter hoch und zielt dann mit Bomben oder Bordwaffen auf das Kriegsschiff. Die Bombe wird dann im Sturzflug geworfen. Der Einsatz der Kormoran-Seeziellenkwaffe und des HARM-Flugkörpers gehören auch zur Erstausbildung, ebenso der des Aufklärungsbehälters.

Für die Marineflieger steht das „Fighter Escort Training" auf dem Programm. Die jungen Besatzungen lernen, wie sich eine Jet-Formation im Tiefflug gegen angreifende Jäger zur Wehr setzt. Bei Formationen von acht bis zehn Maschinen sind immer zwei als Eskorte eingeteilt. Ihre Aufgabe ist es dann, die angreifenden Jäger abzuwehren. Währenddessen brechen die Bombenträger zum Ziel durch.

Die Taktische Erstausbildung schließt mit einem Checkflug ab. Eine junge Besatzung plant eine „Composite Air Operation". Sie instruiert die anderen Besatzungen. Dann führt sie den Einsatz und leitet auch die anschließende Auswertung. Wer diesen Checkflug erfolgreich absolviert, ist „Limited Combat Ready", das heißt, er kann mit gewissen Einschränkungen Kampfeinsätze fliegen. Was jetzt noch zum „Combat Ready"-Status fehlt, sind Flugstunden und Erfahrung.

5 Teamwork am Himmel
Fliegen

Fliegen im Team

Kernstück der „Tornado"-Fliegerei ist das Zwei-Mann-Konzept. Pilot und Waffensystem-Offizier haben eigenständige, aber komplementäre Aufgaben. Beide teilen sich die Aufgaben nach Absprache und Mission. „Gerade im Tiefflug oder bei schlechtem Wetter ist die „crew coordination" wichtig, um das Waffensystem effektiv einsetzen zu können", meint Major Detlev Schippmann vom JaboG 38.

Der Pilot fliegt und wählt das Angriffsverfahren. Der Waffensystem-Offizier bedient Radar und Navigationssystem. Sein Job: Dem Piloten ein möglichst genaues Lagebild liefern. Also kümmert der WSO sich um die richtige Taktik, Navigation und elektronische Kriegsführung. Er übernimmt auch den Funkverkehr mit anderen Flugzeugen der eigenen Formation, mit einem E-3-Frühwarnflugzeug oder einer Leitstelle am Boden.

Feste Regeln geben vor, welche Information wann weitergegeben wird. So sagt der WSO die Höhe an, wenn die Besatzung einen Bodenangriff fliegt. Oder er meldet die Höhe, wenn sich die Maschine der Minimalhöhe über Grund nähert oder sie durchfliegt. In den spezialisierten Varianten kommen Aufgaben hinzu. Im Tornado-Aufklärer wählt der Waffensystem-Offizier Kamera und Kameraeinstellung aus und dirigiert den Piloten in die richtige Aufnahmeposition. Der WSO eines ECR-Tornado bedient das ELS-System. Er macht das Ziel ausfindig und lotst den Piloten in die beste Schussposition.

Die „Tornado"-Fliegerei ist Teamwork. Hier checkt eine Besatzung das Flugzeug vor dem Einsatz durch.
Bild: PIZ Luftwaffe

Im Luftkampf führt, wer Sichtkontakt zum Gegner hat. Der WSO führt, wenn sich der Angreifer von hinten nähert, der Pilot, wenn die Feindmaschine vor dem Flugzeug ist. Das kann dann so aussehen: „Wenn ein gegnerisches Flugzeug von schräg hinten kommt, dirigiere ich den Piloten in die beste Abwehrposition", erläutert Major Frank Aurin, WSO beim Aufklärungsgeschwader 51, das Prinzip, „und sobald der Pilot den Gegner sieht, kümmere ich mich wieder um die Navigation."

Das Tornado-Cockpit

Die Instrumentierung der beiden Tornado-Cockpits folgt dem „Crew-Concept". Vorne befinden sich alle Kontrollen für das Fliegen selbst. Die wichtigsten Instrumente sind so angeordnet, dass der Pilot sie ständig beobachten kann.

Der Pilot hat in Augenhöhe das „Head Up-Display" (HUD) vor sich. Das ist eine schräge Scheibe aus starkem Glas, in die ständig die wichtigsten Flugdaten eingespiegelt werden.

Er sieht ständig Höhe, Geschwindigkeit, ob das Flugzeug steigt oder sinkt. Außerdem bekommt er angezeigt, ob er seinem Flugplan voraus ist oder dem Zeitplan seiner Mission hinterher fliegt. Durch das HUD werden die Ziele für Abwurfwaffen und Maschinenkanonen anvisiert. Im Tornado-Aufklärer zeigt das HUD, in welche Richtung die Kameras des Recce-Pods zeigen.

Links und rechts neben dem HUD befindet sich je eine rote Warnlampe – oder „attention-getter". Wenn sie aufleuchten, ist eines der Flugzeugsysteme defekt. Der erste Blick des Piloten ginge dann nach rechts unten auf die Fehleranzeige. Dort würde ihm ein rotes Licht zeigen, wo genau der Fehler aufgetreten ist.

Auf der linken Seite, ebenfalls in Augenhöhe, zeigt eine Art senkrechter Skalendarstellung den Anstellwinkel des Flugzeugs an. Ist der plus 10 Grad, zeigt die Nase leicht nach oben. Bei minus zehn Grad wäre sie nach unten gerichtet. Direkt darunter ist der Entsicherungsschalter für die Bordwaffen.

Noch weiter links, auf einer Art schräger Leiste, sind die Kontrollen für den Autopiloten eingebaut. Hier kann der Pilot einstellen, welche Flugwerte der Autopilot halten soll – Kurs, Höhe und Geschwindigkeit etwa. Der Autopilot kann auch auf das Navigationssystem geschaltet werden. Dann fliegt er den ins System eingegebenen Kurs nach. Unter dem Autopiloten findet der Pilot die Schalter zur Waffenauswahl und für die Hauptsicherung der Waffen.

Direkt unter dem HUD ist ein großer Kartensichtschirm eingebaut. Die Karten sind auf Mikrofilm. Auf dem Bildschirm können ein Kartenbild und das Radarbild überlagert gezeigt werden. Die Flugroute ist zu sehen, ebenso Kurs, Position und Geschwindigkeit des Flugzeugs. Das Flugzeugsymbol in der Mitte zeigt immer in die Richtung, in der das Flugzeug fliegt.

Der Arbeitsplatz des Piloten. Bild: Autor

Am Steuerknüppel sitzen Waffenauslöser und die Trimmkontrolle. Unter dem Kartenschirm, teilweise vom Steuerknüppel verdeckt, befindet sich ein Bedien-Panel zum Einstellen des Funk-Kompasses. Außerdem ist die Schaltertafel für den Schnellstart installiert.

Auf der linken Seite, direkt unter den Autopilot-Einstellungen und den Waffenschaltern, befindet sich der Sichtschirm für das Geländefolgeradar oder „Terrain Following Radar" (TFR) für den automatischen Tiefflug.

Unter dem TFR-Schirm sieht der Pilot die wichtigsten Anzeigeinstrumente für Höhe, Fluglage und Geschwindigkeit. Hier befinden sich Radar-Höhenmesser, künstlicher Horizont, ein Kompass mit Funknavigationsanzeige, ein Instrument zur Anzeige von Steig- oder Sinkgeschwindigkeit, ein konventioneller Höhenmesser, ein Geschwindigkeitsmesser, der die Fluggeschwindigkeit in Knoten und Mach-Zahl angibt, und der Horizontal Situation Indicator oder Funkpeil-Kompass. Der zeigt die Position des Flugzeugs in Bezug auf Funknavigationshilfen an.

Links von diesen Instrumenten findet der Pilot auf einer Schalttafel die Schalter für die Schubumkehr. Unter denen sitzen die Sperrschalter für die Treibstoffzufuhr. Außerdem finden sich hier die Anzeigen für die Stellung des Fahrwerks, die Schalter für die Landescheinwerfer und die Schalter zum Absprengen der Waffenlasten.

Drei Monitore dominieren das hintere Cockpit. Bild: Autor

Etwas tiefer, etwa in Kniehöhe, ist die Trimmanzeige installiert. Hier findet der Pilot auch die Hebel zum Regeln des Schubs. Er kann die Stellung der Landeklappen und der Vorflügel wählen und die Schwenkflügel bewegen. Auch die Hebel zum Aus- und Einfahren des Fahrwerks und der Luftbremsen am Heck der Maschine findet er an dieser Stelle.

Hinter den Schubhebeln befinden sich Bedienpanels für die Kanalwahl des Funkgeräts, den Steuerungscomputer und den Autopiloten. Rechts von Head Up-Display und Kartenschirm blickt der Pilot auf weitere Instrumente. An der rechten Seite des HUD zeigt ein G-Meter den Andruck oder „die G's", die in kritischen Fluglagen auf der Besatzung lasten. „2 G" hieße beispielsweise doppeltes Körpergewicht. Die Belastungsgrenze des menschlichen Körpers liegt etwa bei neun G. Der G-Meter zeigt, ob sich das Flugzeug einem für Mensch und Maschine kritischen Bereich nähert.

Neben dem G-Meter, auf einer schrägen Leiste, befinden sich Warnanzeigen für das IFF- bzw. Freund-Feind-Erkennungssystem. Zwei weitere Warnleuchten blinken, wenn einer oder beide Nachbrenner nicht funktionieren. Andere Leuchten zeigen, ob das Flugzeug in einen kritischen Zustand gerät oder vom Anflugpfad bei der Instrumentenlandung abweicht.

Ganz rechts befinden sich eine mechanische Uhr und ein sogenannter „Whiskey-Compass". Das ist ein konventioneller Kompass. Der Grund für den Namen: In den Anfangstagen der Fliegerei waren diese Kompasse zum Schutz vor Vereisung mit Alkohol gefüllt.

Unter der schrägen Leiste sieht der Pilot das Display des „Enhanced Radar Warn-Empfänger" (ERWE). Dieses Gerät warnt ihn, wenn das Flugzeug von gegnerischen Radars angestrahlt wird. Auf dem Bildschirm sind drei konzentrische Kreise und eine Gradeinteilung zu sehen. So kann der Pilot sehen, aus welcher Richtung das Radar sendet. Außerdem warnt ihn ein akustisches Signal, sobald ein Radar seine Maschine beleuchtet.

Mit den Instrumenten unter dem ERWE-Display überwacht der Pilot die Triebwerke und den Treibstoffverbrauch. Sie liefern Informationen über die Drehzahl der beiden Jet-Triebwerke, über die Temperatur und die Einstellung der regelbaren Lufteinläufe. Rechts neben diesen Instrumenten sitzen die Anzeigen für den Hydraulik-Druck und die Schalter für die Notstromversorgung.

In der rechten Ecke des Cockpits ist das Panel mit den Fehler-Anzeigen installiert. Bei einer Fehlfunktion sieht der Pilot auf diesem Panel, welche Systeme des Flugzeugs betroffen sind.

Auf der Konsole rechts neben sich kann der Pilot auf weitere Kontrollen zugreifen. Hier findet er die Bedien-Elemente für das Funknavigationssystem TACAN sowie Regler für die Lufteinläufe und die Ausströmöffnungen der Triebwerke. Hier kann er das Zerhackerradio „Have Quick" einschalten. „Have Quick" zerhackt den Funkverkehr nach dem Zufallsprinzip, indem es in extrem kurzen Abständen den Kanal wechselt. Dieses Verfahren schützt nicht so sehr davor, abgehört zu werden, sondern es erschwert die Störung des Funkverkehrs.

Auch das Panel für das Treibstoff-Management befindet sich auf dieser Konsole. An ihm lässt sich ablesen, wieviel Treibstoff in welchem Tank ist. Weitere Panels ermöglichen den Zugriff auf die IFF-Einstellungen, die Cockpitlichter und die Klimaanlage.

Der Arbeitsplatz des Waffensystem-Offiziers ist der Navigation gewidmet. Außerdem hat der WSO Zugriff auf die Waffen und die Systeme zur elektronischen Kriegsführung.

Einige Instrumente, die der Pilot auf seinem Platz hat, sind auch am Platz des WSO installiert. Das ist zum ersten der Anzeiger für den Anstellwinkel in Augenhöhe links. Zweitens Flugkontrollinstrumente wie Höhenmesser, Wendezeiger und künstlicher Horizont. Und zum dritten hat auch der WSO zwei „attention getters" neben seinen großen Displayschirmen und ein Fehler-Panel rechts von sich.

Den Platz des WSO dominieren drei große Bildschirme. Der große, runde Schirm in der Mitte zeigt ihm ein Bild des Bodensicht-Radars oder „ground mapping radar" (GMR). Dieses Bild kann, wie auf dem großen Display des Piloten, mit einer digitalen Karte überlagert werden. Hier sieht der WSO, wie sich das Flugzeug in Bezug auf das Ziel und auf vorher festgelegte Wegpunkte bewegt. Das GMR erkennt auch Luftziele – diese jedoch nur in eingeschränkter Qualität. Das Radar eines Jägers sucht automatisch. Das GMR im „Tornado" muss dagegen manuell bedient werden und liefert daher kein wirklich präzises Luftlagebild. Über diesem Bildschirm thront in fast allen deutschen Tornados ein externer GPS-Empfänger, dessen Daten als zusätzliche Hilfe bei der Positionsbestimmung dienen. Sie müssen jedoch von Hand in den Bordrechner eingegeben werden.

Rechts und links vom runden Display sind zwei große Computermonitore installiert. Die Monitore zeigen alle für Navigation und Angriff wichtigen Informationen. Sie können zwei verschiedene Formate darstellen. Im „Plan-Format" zeigt das System die geplante Flugroute in der Draufsicht. Das „Nav-Format" zeigt alle wichtigen Informationen in Bezug auf den nächsten Wegpunkt – Geschwindigkeit, Zeit zum Wegpunkt, Entfernungen. Diese Wegpunkte werden zwar bei der Planung des Fluges festgelegt. Wegpunkte können Treffpunkte mit anderen Flugzeugen sein, ein Punkt, an dem der Kurs geändert wird, die Auslöseposition für die Waffen und das Ziel selbst. Der WSO kann während des Fluges weitere festlegen oder einen durch einen neuen ersetzen. Er verfolgt, wohin sich das Flugzeug bewegt und wo auf der festgelegten Route es sich gerade befindet.

Unter den drei Bildschirmen befinden sich die Kontrollen für die Navigation und die Waffen. Links davon sind dieselben Flugüberwachungsinstrumente installiert wie im vorderen Cockpit. Rechts findet sich zunächst die Anzeige und das Bedien-Panel für die ECM-Systeme. Noch weiter rechts kann der WSO auf den Cerberus-Pod und den BOZ-101-Täuschkörper-Werfer zugreifen. In der rechten Ecke schließlich findet er dasselbe Fehler-Panel wie der Pilot.

Direkt vor sich hat der WSO einen kleinen Knüppel. Mit dem kann er den Kartenausschnitt vor sich verändern.

Links davon ist das „Stores Management System"(SMS) installiert. Hier sieht der WSO, welche Last – Tank, Bombe, Rakete, Buddy-Buddy-Refuelling-Pod – an welchem Pylon hängt. Das SMS führt eine Inventarliste über die verfügbaren Waffen. Von hier aus können die auch ausgelöst werden.

Die Einstellung für das Radar kann der WSO auf der Konsole links neben sich verändern. Auch an dieser Stelle zu finden: Der Event-Recorder, mit dem der Verlauf der Mission aufgezeichnet wird. Im ECR-Tornado waren hier früher die Kontrollen für das „Infrared Imaging System"installiert.

Rechts von sich hat auch der WSO ein „Have Quick"-Zerhackerradio. Hinzu kommen die Kontrollen für das Trägheitsnavigationssystem und ein Magnetkompass, der sich am gesamten Erdmagnetfeld orientiert. Der ist genauer als ein konventioneller Kompass, der auf den magnetischen Nordpol zeigt.

Das Tornado-Cockpit selbst ist ein Präsentationssystem für Informationen. Es befähigt die Crew, sich zu orientieren und zu kämpfen. Diese Informationen richtig zu interpretieren, ist jedoch anspruchsvolles Handwerk.

Missions-Planung

Um die fließende und sehr dynamische Situtation in der Luft zu meistern, wird jede Mission penibel geplant. Die Planung einer typischen Mission beginnt in der Regel am Tag vorher. Die Besatzung entnimmt ihre Planungsgrundlage der „Air tasking order" (ATO). Die ATO enthält alle Einzelheiten für die Flugoperationen des folgenden Tages.

Die Crew des Führungsflugzeugs stellt alle relevanten Daten zusammen: Flugkorridore, die Route zum Ziel, Wetter und Bedrohungslage im Zielgebiet, Zonen, in denen Tankflugzeuge kreisen, den Begleitschutz, Bewaffnung, Rufzeichen und Funkfrequenzen. Mit den Besatzungen der anderen Maschinen wird der genaue Flugweg und der zeitliche Ablauf der Mission abgesprochen. Der beginnt bei der Startzeit. Er umfasst Ankunftszeiten in der Tanker-Zone und den zeitlichen Ablauf über dem Ziel.

Bomber-Besatzungen würden jetzt abstimmen, wie, in welcher Reihenfolge und aus welcher Richtung sie angreifen. Aufklärer legen den besten Überflugweg über das Ziel fest. ECR-Besatzungen planen, wie sie die Aufklärer oder

Kapitänleutnant Sven Adolf (links) und Kapitänleutnant Markus Kretzer (rechts) planen ihren nächsten Flug. Rechte Aufnahme: Kapitänleutnant Adolf gibt die Flugdaten in den Planungscomputer ein. Bilder: Autor

Waffenträger am besten vor der feindlichen Flugabwehr beschützen. Marineflieger, die mit Lenkwaffen einen Schiffsverband angreifen, planen die optimale Annäherung an ihr Ziel.

Eine friedensmäßige Übungsmission könnte so verlaufen: Zwei Tornados starten in Jever zu einer Luftkampfübung. Sie fliegen in einen zeitweilig gesperrten Luftraum (Temporarily Reserved Area oder TRA) irgendwo über der Nordsee. Nach der Übung treffen sie nordöstlich von Helgoland ein KC-135-Tankflugzeug, um ihren Spritvorrat zu ergänzen. Der Fluge muss mit der zivilen Flugsicherung abgestimmt werden, da die Tornados auf dem Weg zum Übungsgebiet oder in die TRA am normalen Luftverkehr teilnehmen.

Die detaillierte Planung beginnt am Einsatztag. Zunächst nehmen alle zum Flugdienst eingeteilten Besatzungen an einer etwa 30 Minuten langen Besprechung teil. Das sogenannte Wetterbriefing behandelt das Wetter im Einsatzgebiet, über dem eigenen Platz und über möglichen Ausweich-Flugplätzen. Nachrichtenoffiziere informieren über die Bedrohungslage im Einsatzgebiet. Ein Heeresverbindungsoffizier schildert die Bodenlage.

Dann folgt die genaue Missionsplanung. Zunächst werden alle taktischen Informationen auf eine Lagekarte übertragen. „Die Zielplanung enthält viele organisatorische Kriterien", erläutert Eberhard Jatzke. Die Besatzung der Führungsmaschine legt auf dieser Karte die genaue Route und die Flugzeiten fest. Informationen auf der Karte umfassen die Positionen eigener Truppen und die der Front. Ein- und Ausflugkorridore sind blau gekennzeichnet, Warteräume, in denen sich der Verband vor dem Einflug sammelt, grün. Tanker-Zonen erscheinen schwarz. Rote Kreise stellen gegnerische Radarstellungen und ihre Reichweiten dar. Eigene Flugzeuge erscheinen in Grün. Hinzu kommen gegnerische Jagdkräfte. Wie stark sind sie? Welcher Flugzeugtyp? Wo sind sie stationiert? Wichtig sind Informationen über das Ziel selbst: Wo liegt es? Welcher Auftrag soll erfüllt werden? Wie wird das Ziel verteidigt?

Danach geben die Waffensystem-Offiziere alle Streckendaten in die „Tornado Mission Planning Station" ein. Das ist ein Computer, der einem zivilen Geo-Informationssystem vergleichbar ist. Auf ihm liegt digitalisiertes Kartenmaterial. Er enthält außerdem digitale Steckbriefe feindlicher Radars und Daten über gegnerische ECM-Emitter. Die Missionsdaten werden auf einem Datenträger gespeichert. Den nimmt die Besatzung mit in die Maschine, um die Informationen in die Bordrechner zu laden.

Die Piloten stellen einen „cheat sheet" zusammen. Dieses Merkblatt fasst alle wichtigen Informationen zusammen: Die Rufzeichen der beteiligten Flugzeuge, die verwendeten Frequenzen, den zeitlichen Ablauf, Koordinaten für die Navigation, Freund-Feind-Kennung, Verschlüsselungen und Codewörter.

„Situational Awareness" – Schnelles Schachspielen in drei Dimensionen

Die eigene Position kennen. Wissen, wohin man selbst und andere Maschinen der eigenen Formation fliegen. Abschätzen, wo man in zehn Minuten sein wird. So ließe sich „situational awareness" beschreiben. „Die Fähigkeit, alle Informationen aufzunehmen, zu verarbeiten, zu reagieren und zu agieren", nennt sie Major Eberhard Jatzke vom Aufklärungsgeschwader 51.

Eine Tornado-Besatzung baut sich während der Mission aus vielen Quellen ein Lagebild auf. Das sind Sensoren wie die beiden Radargeräte, der Radar-Warnempfänger und das Navigationssystem. Gut funktioniert das in dem Bereich, für den das Kampfflugzeug gebaut wurde: Im bodennahen Tiefflug. Die beiden Radars und das Navigationssystem liefert ständig eine genaue Position des Flugzeugs im Verhältnis zum Ziel und anderen Fixpunkten. Marineflieger können sich beim Einsatz über See eine sogenannte Schiffslage aufbauen, also jedes Wasserfahrzeug in Sensorreichweite lokalisieren. Identifizieren können sie ein Schiff allerdings erst, wenn sie näher als zwei Seemeilen herangeflogen sind.

Der Radar-Warnempfänger meldet gegnerische Radars, sobald sie die Maschine anstrahlen. Der gegenwärtig installierte Radar-Warnempfänger ist jedoch nicht besonders winkelgenau. Er zeigt zwar auf dem Display die Richtung an, aus der das Radar strahlt. Aber die Anzeige kann um einige Grad von der tatsächlichen Position abweichen. Gleichzeitig bekommt der Pilot einen Warnton. Der ist von der Feldstärke des Signals abhängig, nicht von der Entfernung zwischen Radar und Flugzeug. Das macht die Einschätzung für die Besatzungen schwierig. Denn um das Radar genau orten zu können, müssten sie die Reichweite und die Entfernung zwischen eigenem Flugzeug und dem Standort des Radars kennen. Nur die ECR-Tornados können mit ihrem ELS-System ein feindliches Radar genau orten.

Für die Luftlage ist die Tornado-Besatzung dagegen auf andere Quellen angewiesen. Denn das Radar eignet sich nur bedingt dazu, Luftziele aufzufassen. Quellen für die Luftlage können andere Flugzeuge des eigenen Verbandes sein. Es kann eine Boeing E-3A sein, die den Weg der Formation aus größerer Entfernung überwacht und sie vor etwaigen Bedrohungen warnt. Das können Flugzeuge des Begleitschutzes sein – Tornados, die dafür abgestellt sind, Jäger oder sogar ECR-Tornados. Oder es sind Bodenleitstellen, die den Verband führen.

Der Kommunikationsweg ist der Sprechfunk. Bundeswehr-Tornados haben noch keinen Data-Link, durch den taktische Informationen übertragen werden können. Die Computer treffen keine Vorselektion, die die Crew bei der Arbeit entlastet. Die Besatzung muss während des Fluges selbst relevante und irrelevante Informationen sortieren. Sie muss ihr räumliches Vorstellungsvermögen nutzen, um sich eine sehr dynamische Umgebung in drei Dimensionen vorzustellen, die ihnen die Instrumenente in zwei Dimensionen zeigen. „Situational awareness" entsteht aus der Interpretation dieser Daten. „Ein dreidimensionales Bild mit Zeitlinie", nennt sie Major Bernd Runge vom Aufklärungsgeschwader 51.

In der Luft ist sie mal sehr gut, mal sehr schlecht. Man könnte vier Stufen von SA unterschieden. Die unterste Stufe lautete dann etwa: „Ich weiß nicht, wo mein Gegner ist – aber er weiß, wo ich bin." Die nächste Stufe wäre: „Ich weiß nicht, wo der Gegner ist – er weiß nicht, wo ich bin." Stufe drei hieße : „Ich weiß, wo der Gegner ist – der Gegner weiß,

Ein IDS-„Tornado" rollt aus dem Shelter. Bild: Autor

AWACS-Aufklärer versorgen die „Tornado"-Besatzungen mit der aktuellen Luftlage. Bild: Boeing

wo ich bin." Stufe vier wäre: „Ich weiß, wo der Gegner ist – aber der Gegner weiß nicht wo ich bin." Ideal ist natürlich Stufe vier.

Aber dorthin zu kommen und zu bleiben, ist schwierig. „Das stellt sehr hohe Anforderungen an das räumliche Vorstellungsvermögen", weiß Korvettenkapitän Broder Nielsen, Staffelchef beim Marinefliegergeschwader 2. „Die Qualität einzelner Flieger und Besatzungen hängt davon ab, wie schnell sie sich ein Luftlagebild machen können", so Nielsen weiter.

Stress und Anspannung schränken die „situational awareness" ein. Konzentration und körperliche Belastungen sind auch ohne Luftkampf hoch. Ein Pilot bewegt pro Sekunde zwei bis drei Mal den Steuerknüppel. Stress kommt naturgemäß genau dann auf, wenn die Besatzung eigentlich ein besonders klares und präzises Lagebild braucht – im Zielgebiet nämlich. Hier ist die Bedrohung durch Luftabwehr vom Boden und feindliche Jäger am stärksten. Stress entsteht etwa dann, wenn die Besatzung durch die ERWE-Warnung merkt, dass sie von Radar angestrahlt wird. Oder, wenn der Kontakt zur AWACS-Maschine abreißt. Oder durch unerwartete technische Probleme.

Wenn Jäger am eigenen Begleitschutz vorbeikommen, müssen die Besatzungen schnell entscheiden: Welcher Flugzeugtyp? Wie schnell sind sie? Müssen wir den Luftkampf annehmen? Ist die Bedrohung so, dass die Mission abgebrochen werden muss? So eine Entscheidung fällt immer mit Blick darauf, wie stark der Gegner ist, welche Bewaffnung er hat und wie er geführt und unterstützt wird. Zumal der Tornado modernen Jägern im Luftkampf unterlegen ist. Dann hat das Leben der Besatzung und die gegenseitige Unterstützung Vorrang vor allem anderen.

„Wenn starke Jagdverbände zwischen mir und dem Ziel sind, breche ich die Mission wahrscheinlich ab", meint Eberhard Jatzke. Entsteht eine ähnliche Situation erst auf dem Rückflug, würden die Crews versuchen, die Jäger möglichst weiträumig zu umfliegen.

„Situational Awareness" schulen – hier gilt: Nur Übung macht den Meister. Für die Crews bedeutet das, so viel wie möglich zu fliegen.

Ein IDS-„Tornado" auf dem Weg zur Startbahn. Bild: Autor

Start mit Nachbrennern: Zwei „Tornados" heben ab. Bild: Autor

herum, bis sie eine Möglichkeit findet, durchzubrechen. Schwierig kann es werden, wenn das Radar in der Spitze eines Jägers sitzt. Der versucht dann, sein Ziel wieder zu finden und kurvt in die Richtung des letzten Kontakts.

Die Tornado-Besatzung versucht, derweil genau das zu verhindern. Sie bleibt also möglichst in einem Neunzig-Grad-Winkel zum Jäger. Ist ihre Geschwindigkeit hoch genug, kann sie einen dieser blinden Momente des Jägers nutzen, um den Erfassungsbereich seines Radars zu verlassen. Aber das setzt voraus, dass sie sich sowieso an der Grenze dieses Bereichs befindet.

Wichtig sind auch die Besprechungen nach jeder Mission. Die Flüge werden mit dem Event Recorder im hinteren Cockpit aufgezeichnet. So lässt sich beim Debriefing genau verfolgen, wo mögliche Defizite liegen.

Stören, Täuschen und Verteidigen

Die gegnerische SA lässt sich wirkungsvoll stören. Die Besatzungen können durch Störsignale einen elektronischen Nebel um ihr Flugzeug legen. Sogenanntes „chaff", mit Metall bedampfte Kunststoffolie, erzeugt eine Wolke aus störenden Radarechos und verhindert, dass das Flugzeug geortet wird.

Die Ortung durch Radar läßt sich auch durch den „notch" stören oder verhindern. Dieses Manöver benutzt die Tatsache, dass Puls-Radare den Kontakt zum Ziel verlieren, wenn das relativ zu ihnen stillsteht oder sich nur sehr langsam bewegt. Die Tornado-Crew sucht also, immer in einem Winkel von neunzig Grad zum Sender zu fliegen. Sie fliegt eine Art Zickzack-Kurs und bewegt sich dabei in einem sicheren Korridor um den Radar-Sender

Ein Marine-„Tornado" unterwegs. Bild: MFG 2

Sonst bekommt der Jäger früher oder später Sichtkontakt. Dann müsste die Tornado-Besatzung den Luftkampf annehmen, die feindliche Maschine selbst abschießen oder durchhalten, bis das ein anderer „Tornado" oder der eigene Jagdschutz tut. Hat ein Jagdflugzeug Sichtkontakt, zeigt die „Tornado"-Besatzung dem Gegner die kälteste Seite des Flugzeugs: den Bug. So bietet sie den hitzesuchenden Raketen des Jägers ein möglichst schlechtes Ziel. Der Pilot fährt die Triebwerke in den Leerlauf, um die Wärmesignatur seines Flugzeuges möglichst schwach zu machen. Wenn die Besatzung Glück hat, spricht der Suchkopf der Rakete nicht an, und der Jagdpilot kann nicht schießen.

Zwei „Tornados" bei der „buddy-buddy"-Luftbetankung. Bild: MFG 2

… und so sieht der WSO der tankenden Maschine das Luftbetankungs-Manöver. Bild: MFG 2

Sonst fliegen beide Jets aufeinander zu und rasen dicht aneinander vorbei. Der Jäger muss manövrieren, um in die Sechs-Uhr-Position hinter den „Tornado" zu kommen und schießen zu können. Ist der „Tornado" schnell genug, kann er jetzt durchbrechen und den Jäger hinter sich lassen. Andernfalls geht der Kurvenkampf zwischen den beiden Flugzeugen weiter.

Die beiden Kampfjets würden dann in einem „one-circle-fight" versuchen, jeweils hinter ihren Gegner zu gelangen. Sie fliegen im Kreis umeinander, der meistens zu einer Abwärtsspirale wird. Sind Piloten und Flugzeuge etwa gleichwertig, entsteht in der Luft eine Pattsituation: Die Kampfjets fliegen weiter im Kreis, ohne dass einer von beiden zum Schuss kommt. Aus dieser Situation kann aber auch ein „two-circle-fight" entstehen. Dann folgt jeder Jet seiner eigenen Kreisbahn. Im „two-circle-fight" gewinnt der, dessen Flugzeug enger kurvt. Ein „Tornado" würde ihn gegen eine MiG-29 mit Sicherheit verlieren, weil die MiG engere Kurven fliegen und schneller be-

„mission accomplished" – ein „Tornado" schwebt zur Landung ein. Bild: Autor

schleunigen kann. Also muss eine „Tornado"-Besatzung einen Kurvenkampf nach Möglichkeit vermeiden.

Fliegerische Bewertung des Flugzeugs

Der „Tornado" ist ein sehr sicheres Flugzeug. Zwischen 1981 und 1998 gingen von 357 abgelieferten Flugzeugen 26 Maschinen durch Abstürze verloren. 20 Besatzungsmitglieder kamen dabei ums Leben. Inzwischen ist diese Zahl auf etwa 30 Abstürze gestiegen.

Zum Vergleich: Vom Vorgänger, der Lockheed F-104G „Starfighter", kaufte die Bundeswehr 917 Maschinen. Sie verlor 269 Flugzeuge und 110 Piloten durch Abstürze. Zum hohen Sicherheitsstandard trägt die mehrfache Redundanz aller Systeme bei. Auch das Geländefolgeradar hat sich bewährt. „Das TFR ist so sicher, dass es wegen ihm bisher noch keinen Unfall gegeben hat", sagt Oberleutnant Hartwig Stein vom JaboG 32.

Für seine Kernaufgabe, den schnellen Präzisionsangriff im Tiefflug und bei fast jedem Wetter, ist es wahrscheinlich immer noch das beste Flugzeug im NATO-Arsenal. „Für die Zwecke, für die der „Tornado" konzipiert wurde, ist er sehr gut geeignet", meint Major Detlev Schippmann.

Für den Job optimal ist das Zwei-Mann-Cockpit: „Ich möchte es nicht missen", meint Detlev Schippmann. Die Aufgaben lassen sich zu zweit besser bewältigen. Erfahrene Besatzungen sind vor Überraschungen im Luftkampf sicherer als der Pilot eines Einsitzers. Allerdings entsprechen Teile der Ausstattung nicht mehr dem Stand der Technik. Die Auflösung der Cockpit-Displays könnte besser sein, und die Winkelgenauigkeit der ERWE-Anlage ist zu gering.

45 8

Ein IDS-„Tornado" des JaboG 34 in Formation mit einem Tornado GR.1 der Royal Air Force.
Bild: PIZ Luftwaffe

6 Von „Red Flag" bis „Linkes Seas"
Training für den Ernstfall

Ein „Tornado" in der Abenddämmerung. Bild: MFG 2

Status: „Combat Ready"

Besatzungen, die ihre taktische Erstausbildung abgeschlossen haben, gelten zunächst als „Limited Combat Ready". Den „Combat Ready"-Status erwerben sie erst, nachdem sie weitere Erfahrungen gesammelt haben. In der Regel dauert diese Phase etwa ein Jahr. Das „Tactical Combat Training Program" (TCTP) der NATO gibt den Leistungsstand vor. TCTP schult alle Fähigkeiten, die WSOs und Piloten während ihrer Ausbildung erworben haben. Es schreibt vor, wie viele Nachtflüge, Tiefflüge, Übungsflüge zur Luftbetankung, simulierte Luftkämpfe und Angriffsübungen zu absolvieren sind. Eine Übungsmission, bei der ein „Tornado"-Verband zu Luftkampf-Übungen über die Nordsee fliegt und auf dem Rückflug an einem Großtanker seinen Sprit ergänzt, würde gleich mehrere Vorgaben erfüllen.

„General Flying Practice" (GFP) deckt sämtliche fliegerischen Fähigkeiten ab. Das umfasst das Üben von Luftnotlagen, die Berechtigung zu Instrumentenflug, Nachtflug und Radaranflügen. Hinzu kommt das sogenannte „high performance manoeuvering". Das sind extreme Flugmanöver wie Immelmanns, Loopings oder der „Clover Leaf". Was sich wie ein Übungsprogramm für Kunstflieger liest, dient in Wirklichkeit der Beherrschung des Flugzeugs.

NATO-Flieger müssen mindestens 150 Stunden im Jahr fliegen, um die Qualitätsstandards im Bündnis zu erfüllen. Die Bundeswehr peilt 180 Stunden pro Jahr an, liegt aber in den letzten Jahren eher darunter. Der „Combat Ready"-Status muss einmal im Jahr bei einer Überprüfung nachgewiesen werden. Wer diesen Check nicht besteht, wird nachgeschult. Piloten und WSOs, die in Stabsfunktionen eingesetzt sind, müssen pro Jahr 70 Stunden fliegen, um ihre Lizenz zu behalten. Neben regulären Übungsflügen gehören auch Missionen im Simulator zum Pflichtprogramm.

Fliegen am Boden: Der Tornado-Simulator

Simulatoren sind nicht nur Teil der Ausbildung. Sie stehen auch in den Verbänden, um das Flugprogramm der Besatzungen zu ergänzen. „Tornado"-Simulatoren finden sich im Ausbildungszentrum in Holloman und bei den Geschwadern in Deutschland. Eine Simulator-

Jedes „Tornado-Geschwader verfügt über einen dieser Flug- und Taktiksimulatoren. – Rechte Aufnahme: Der Leitstand des „Tornado"-Simulators. Bilder: Autor

Anlage besteht aus zwei Bereichen. In einer Halle steht ein Cockpit mit Original-Instrumenten und Displays, die im Computer erzeugte Umgebungsbilder zeigen. Von einem Leitstand aus überwachen Simulator-Lehrer den virtuellen Flug. Simulatoren dienen in erster Linie der taktischen Ausbildung. Missionsdaten aus der „Tornado Mission Planning Station" können genauso ins Simulatorsystem geladen werden wie ins Flugzeug.

Im Cockpit findet die Besatzung dieselben Instrumente vor wie im richtigen Flugzeug. Die Cockpithaube ist grau und wird während des Trainings geschlossen. Der Pilot sieht durch die vordere Kanzel eine Computerdarstellung der Flugsituation. Die rechnergenerierten Bilder sind annähernd dreidimensional, haben jedoch keine hohe Auflösung. Deswegen erscheinen Bäume als grüne Flächen. Und weiter entfernte Objekte bildet das System größer ab als solche in der Nähe.

Die Beschleunigungskräfte stellt das System mit aufblasbaren Druckluftkissen in den Rückenlehnen der beiden Schleudersitze dar. Der Luftdruck in den Kissen richtet sich nach der Fluglage. Wenn das virtuelle Flugzeug beschleunigt, werden die Kissen aufgeblasen und drücken die Flieger in die Gurte. Der Sinneseindruck ähnelt dem im Flug – zumal Pilot und WSO die Bewegung der Computer-Landschaft sehen.

Der Leitstand sieht ein bisschen aus wie der Maschinenraum des Raumschiffs Enterprise. Auf seiner Konsole zeigen Bildschirme Position, Beladung und Bewaffnung des Flugzeugs. Die Simulator-Lehrer sehen, was der Pilot durch seinen Head-Up-Display sieht. Sie können die Besatzung im Cockpit überwachen und verfolgen, was die Cockpitinstrumente anzeigen. Außerdem liefert das System Informationen über Streckenführung und Flugroute. Während die Besatzung ihre Mission fliegt, übernehmen die Simulator-Lehrer den Part der Bodenkontrolle oder eines AWACS-Flugzeugs.

Der Simulator fliegt alles, was das Flugzeug auch kann. Spezielle Menüs erlauben das Üben von Notfällen und Kampfsituationen. Auch Luftkämpfe sind möglich. Allerdings ist ihre Darstellung wegen des Sichtsystems nicht sehr realistisch. Außerdem kann der Simulator nur wenige Luftziele gleichzeitig erzeugen.

Abrufbar sind bis zu 128 verschiedene Ziele – Flugzeuge, Schiffe, Fahrzeuge aller Art sowie Bodenziele wie Kasernen oder Bunker. So spielt das System realitätsnahe Einsatzszenarien durch. Um die so realitätsnah wie möglich nachzubilden, liegen im System digitale Kopien von Deutschland und Mitteleuropa. Simulatormissionen können aber auch über das Tiefflug-Trainingsareal im kanadischen Goose-Bay führen. Mit Hilfe einer Radar-Datenbank simuliert die Anlage automatische Geländeflüge.

Für die gründliche Nachbesprechung zeichnet das System alles auf – Schalterstellungen, Steuereingaben der Besatzung, den Funkverkehr. Es liefert eine Trefferauswertung von Bodenangriffen. So kommt der Trainingseffekt einem richtigen Flug zumindest nahe.

Zwei IDS-Maschinen in Goose Bay. Bild: PIZ Luftwaffe

Spitzname „Deci": Waffen-Training auf Sardinien

Der sardinische Flugplatz Decimomannu (‚Deci') ist fester Bestandteil des jährlichen Übungsprogramms der IDS-Verbände. Auch die Marineflieger üben hier jedes Jahr sechs Wochen lang den scharfen Einsatz aller Waffen.

Die deutsche Präsenz auf der Mittelmeerinsel geht auf einen 1959 zwischen Italien, Deutschland und Kanada geschlossenen Vertrag über die gemeinsame Nutzung des Stützpunktes zurück. Seit 1960 arbeitet in Decimomannu ein eigenes Kommando der Luftwaffe. Soldaten und Zivilangestellte sorgen für Unterstützung und Versorgung der aus Deutschland eingeflogenen Kommandos.

Außerdem steht in Deci eine sogenannte „Air Combat Manoeuvering Installation" – ein Übungsraum, der von Radars überwacht wird. In dieser Zone, ein etwa 60 Kilometer großer gesperrter Luftraum über dem Mittelmeer, üben NATO-Jets den Luftkampf. Damit die Computer im Lagezentrum jede Flugbewegung verfolgen können, hängt unter jedem Flugzeug ein Instrumentenbehälter mit Sender. Der übermittelt ständig Position und Flugparameter wie Geschwindigkeit, Höhe und G-Belastung ans Lagezentrum. So lassen sich die Übungsmissionen am Boden genau auswerten.

Goose Bay: Tiefflug ohne Einschränkungen

Im engen europäischen Luftraum sind schnelle, bodennahe Tiefflüge längst unmöglich. Lärmschutz und strenge Umweltrichtlinien stehen dem entgegen. Deswegen begann die Bundeswehr, gerade das Tiefflugtraining ins Ausland zu verlegen. Im kanadischen Goose Bay fand sie geografische und klimatische Bedingungen vor, die denen in Europa ähneln. Luftwaffe und Marine üben dort in einem Areal von der Größe Norditaliens den bodennahen Tiefflug.

Die „Tornado"-Verbände der Luftwaffe verlegen jedes Jahr von April bis September Flugzeuge und Besatzungen nach Goose Bay. Sie bilden einen Pool von Maschinen, der Anfang April über den Atlantik verlegt. Nach dem Ende der Übungsperiode kehren die Flugzeuge mit dem letzten Übungskommando nach Deutschland zurück. Die Marineflieger trainieren jedes 2. Jahr für sechs Wochen in Goose Bay.

Der Schwerpunkt des Trainings liegt auf dem schnellen Tiefflug in Bodennähe. In den ersten Flügen nach der Ankunft tasten sich die Besatzungen langsam auf Flüge in 30 Metern Höhe heran. Das beginnt mit Flügen zur Eingewöhnung in 150 Metern Höhe. Danach reduzieren sie die Flughöhe Schritt für Schritt.

Das Übungsprogramm ist anspruchsvoll – simulierte Angriffe im Verband, Aufklärung, Tiefflüge bei Nacht und schlechtem Wetter. Die Besatzungen fliegen außerdem im automatischen Tiefflug – der Autopilot fliegt nach den Vorgaben des Navigationsrechners und den Daten des Geländefolge-Radars. Je nach Belegung des Platzes üben die Besatzung „Composite Air Operations" zusammen mit deutschen Phantom-Jägern und Maschinen anderer NATO-Partner. Auch die Luftstreitkräfte Kanadas, Italiens und Englands üben hier.

Außerdem bereiten sich in Goose Bay Tornado-Besatzungen auf die Teilnahme an Hochwert-Übungen wie „Red Flag" vor. Sie verlegen zum Tiefflugtraining nach Kanada, bevor sie an „Red Flag" teilnehmen.

„Tornado"-Jagdbomber in Nellis AFB. Bild: PIZ Luftwaffe

Red Flag – realistisches Training für den Luftkrieg

„Red Flag" entstand als Reaktion auf die amerikanischen Kriegserfahrungen über Vietnam. Damals schoss die nordvietnamesische Luftwaffe mit eigentlich veralteten Jägern wie der MiG-17 und der MiG-19 beunruhigend häufig moderne US-Jäger wie die F-4 „Phantom II" oder schwere Jagdbomber vom Typ F-105 „Thunderchief" ab. Auch die vorher eher belächelte MiG-21 erwies sich als erfolgreicher Jäger. Der Grund: Die nordvietnamesischen Piloten suchten den engen Kurvenkampf. Sie wendeten Taktiken an, deren Grundlagen aus dem Zweiten Weltkrieg und aus dem Korea-Krieg stammten.

Die Verluste der amerikanischen Kampfflieger stiegen. Hatten sie in Korea noch für jeden eigenen Verlust sechs Gegner abgeschossen, lag dieses Verhältnis nun oft bei 1:1. Bis 1972 waren über 1.000 US-Flugzeuge über Vietnam verloren gegangen.

Die Analyse der Gründe war ernüchternd: Die US-Luftstreitkräfte hatten sich auf ihre technische Überlegenheit durch weitreichende Radars und Lenkwaffen verlassen. Piloten trainierten zwar den Luftkampf, aber nur im eigenen Verband. Also lernten F-4-Besatzungen, wie sie eine andere F-4 besiegten. Sie lernten wenig darüber, wie sie gegen einen kleineren und wendigeren Gegner die Oberhand behielten. Außerdem behinderte die Führung ihre eigenen Piloten: Die brauchten eine positive visuelle Identifizierung des Gegners, bevor sie schießen durften. Das machte die weitreichenden „Sparrow"-Raketen der „Phantoms" fast nutzlos. Und das Rückgrat der Jagdverbände, die F-4, hatte damals keine Kanonenbewaffnung.

Hatten die „Phantom"-Crews aber ein sich näherndes Flugzeug visuell als MiG-17 identifiziert, war die schon nahe genug, um sie in einen engen Kurvenkampf zu verwickeln. Ähnliches galt für die Piloten der F-105-Jagdbomber. Ihre Flugzeuge trugen zwar eine 20mm-Gatling-Kanone, aber die Flieger mussten erst lernen, wie sie sich gegen die kleineren MiGs wehren konnten.

„Tornado"-Besatzungen bei der Einsatzbesprechung in Nellis. Bild: PIZ Luftwaffe

Die erste Antwort auf dieses Problem hieß „Dissimilar Air Combat Training" – Formationen verschiedener Flugzeugtypen üben gegeneinander. Also flogen „Phantoms" gegen reine Abfangjäger wie die Convair F-106 oder die ältere F-100 „Super Sabre". Heute gehört das zum ständigen Übungsprogramm im NATO-Bereich. „Tornado"-Besatzungen fliegen also gegen deutsche F-4F „Phantoms", gegen MiG-29 oder gegen die Jäger anderer NATO-Staaten.

In den USA ging man noch einen Schritt weiter. Die amerikanische Luftwaffe und die US Navy stellten sogenannte „Aggressor"-Staffeln auf. Die US Navy gründete 1972 im kalifornischen Miramar das sogenannte „Top Gun"-Training. Speziell in sowjetischer Luftkampftaktik ausgebildete Piloten flogen in Northrop T-38 „Talons" und McDonnell Douglas A-4 „Skyhawks" gegen ihre Kameraden aus den regulären Einsatzverbänden. Alle Flugmanöver sowie der Funkverkehr wurden durch Bodenstationen und spezielle Aufzeichnungsgeräte im Flugzeug verfolgt. Das Ziel: Sowjetische Jäger wie die MiG-21 oder später die MiG-23 so realistisch wie möglich darstellen. Und beim Debriefing nach der Mission fiel jeder Fehler sofort auf.

Ein Jahr später folgte die US-Luftwaffe mit zwei eigenen „Aggressor"-Staffeln in Nellis Air Force Base. Sie flogen ebenfalls die T-38 und erhielten ab 1974 die F-5E „Tiger". Dieses Flugzeug ähnelte in seinen Flugeigenschaften stark der sowjetischen MiG-21, dem damaligen Standardjäger des Ostblocks. Daher eignete es sich für diese Rolle ideal. Inzwischen fliegen die „Aggressor"-Staffeln der U.S. Air Force F-16-Jäger. Die amerikanischen Marineflieger benutzen F-18- und F-14-Jäger. Die können mit spezieller Software moderne russische Jäger wie die MiG-29 oder die Su-27 simulieren.

Die U.S. Air Force nahm dieses Training so ernst, dass sie für den pazifischen Raum und für den NATO-Bereich jeweils eine eigene „Aggressor"-Staffel ins Leben rief. Als nach dem Ende des Kalten Krieges die Militäretats schrumpften, löste sie diese Einheiten jedoch wieder auf.

Die zweite Antwort folgte der amerikanischen Maxime „Think Big": Eine ständige Übung mit eigenem Flugplatz, spezialisierten Einheiten, die diese Übung durchführen, und einem eigenen Übungsgelände. Der Name dieser Übung: „Red Flag". Der Ort: Die Nellis Air Force Base in Nevada, nahe Las Vegas.

Bei der Analyse ihrer Vietnam-Erfahrungen hatte die U.S. Air Force gesehen, dass Piloten, die ihre ersten zehn Kampfeinsätze überlebten, große Chancen hatten, auch die folgenden zu überstehen. Die Verluste waren während der ersten zehn Missionen am größten. Danach fielen sie abrupt. Da lag es nahe, eine möglichst realistische Trainingsumgebung zu schaffen. Das Ziel: Die Besatzungen diese entscheidenden ersten zehn Missionen nicht im feindlichen Luftraum, sondern in einer kriegsnahen Übung fliegen zu lassen.

Also entstand in der Wüste das wohl größte Areal der Welt für den simulierten Luftkrieg. Es hat die Größe eines kleineren Bundeslandes. In ihm stehen Flugabwehr-Stellungen und realistische Zielanlagen wie Panzerkolonnen und Flugplätze. Die Amerikaner bauten

Techniker bereiten einen „Tornado" auf seinen nächsten Start vor.
Unten: Blick auf die in Nellis stationierten F-16-„Aggressor"-Maschinen. Bilder: PIZ Luftwaffe

sogar einen sowjetischen Militärflugplatz nach: Altenburg in der ehemaligen DDR. Als Übungsziel parkten sie ausrangierte Kampfjets auf den Pisten. Eine spezielle Einheit, die „Adversary Tactics Division" sollte realistische Szenarien ausarbeiten und „Aggressors" sowie simulierte Flugabwehr bereitstellen.

Wie in jedem Manöver kämpft während „Red Flag" „Blau" gegen „Rot". „Rot" sind über der Wüste Nevadas F-16-"Aggressors" der amerikanischen Luftwaffe sowie ein Netz nachgestellter Flugabwehr-Stellungen. „Rot" verteidigt seinen Luftraum. „Blau" sind Kampfverbände oder „strike packages", wie sie in der NATO Standard sind. Sie bestehen dann aus IDS-Tornados, SEAD-Maschinen wie dem ECR-Tornado oder der F-16CJ, elektronischen Störflugzeugen und Jägern als Begleitschutz. Außerdem nehmen auch alle Einsatzkräfte teil, die im Ernstfall zusammen mit den Kampfverbänden fliegen würden: Tankflugzeuge wie die KC-135 und die KC-10 kreisen in Wartezonen und betanken Flugzeuge der „blauen" Verbände. AWACS-Maschinen suchen mit ihren Radars das „rote" Hinterland nach Jägern ab. Bis zu 120 Flugzeuge sind dann gleichzeitig in der Luft. Auch Transporter und Rettungskräfte, die im Ernstfall abgeschossene Flieger bergen sollen, trainieren für den Einsatz.

Die Nellis Range ist wie Decimomannu mit Bodenradars und Kameras ausgestattet, die den Luftraum überwachen und jede Flugbewegung aufzeichnen. Außerdem hängt unter jedem teilnehmenden Kampfflugzeug ein spezieller Instrumentenbehälter. Der meldet ständig alle Flugdaten ans Lagezentrum.

Im „Range Control Center" verfolgen Operateure das Geschehen über dem Übungsgelände. Eine großes Display zeigt ständig alle Bewegungen der „blauen" Verbände und der „roten" Gegner. Jede einzelne Maschine bekommt einen Nummerncode, um ihren Weg durch den simulierten Luftkrieg verfolgen zu können. Die Lagen auf dem Display werden ebenso aufgezeichnet wie die Bilder von Videokameras, die neben den verschieden Zielen aufgestellt sind.

Eine „Tornado"-Besatzung vor dem Start. Bild: PIZ Luftwaffe

Die erste „Red Flag"-Übung fand 1975 statt. Früher gab es sechs „Red Flags" pro Jahr, inzwischen sind es vier. Jede Übung dauert sechs Wochen und umfasst drei Zwei-Wochen-Perioden. An jeder zweiwöchigen Übungsperiode nehmen um die 100 Flugzeuge teil. Jede Besatzung sollte zwischen acht und zehn Missionen fliegen. Die kriegsnahe Übung schließt das Bodenpersonal ein. Die Techniker müssen Flugzeuge in einem Tempo bereitstellen, das in etwa dem eines realen Kampfeinsatzes entspricht.

Deutsche Tornado-Verbände beteiligen sich seit Oktober 1989 an „Red Flag". Besatzungen aus den IDS-Geschwadern und von den Aufklärern verlegen dann mit dem notwendigen Bodenpersonal für zwei Wochen nach Nellis AFB. Abhängig von den Geldmitteln schickt die Luftwaffe jedes Jahr Besatzungen und Flugzeuge zu „Red Flag".

Jeder Einsatz wird anhand der elektronischen Aufzeichnungen ausgewertet. An den Debriefings nehmen auch die Piloten der F-16-"Aggressors" teil. Sie bringen Aufnahmen ihrer Schießkameras mit und werten gemeinsam mit den „blauen" Fliegern den Einsatz aus. Beim sogenannten „live-debriefing" wird jeder Abschuss dargestellt und analysiert. Die „Aggressors" sollen die Luftkampf-Erfahrungen der „blauen" Besatzungen vertiefen. „Wir fliegen nicht los und schießen jeden ab, den wir kriegen können", sagt Lieutenant-Colonel Billy Horn, Kommandeur der „Red Air Division" in Nellis, über seinen Job, „wir sind auf unsere Abschüsse nicht stolz. Tatsächlich sind wir auf die Abschüsse stolz, die uns nicht gelingen." An den Debriefings nehmen auch Angehörige des „white staffs" teil, neutrale Manöverbeobachter, die die Übungen koordinieren und Blau wie Rot bewerten.

Zu „Red Air" gehören nicht nur die F-16-Jäger. Auch F-18- und F-14-Jäger von US-Marine, dem Marinecorps oder deutsche MiG-29-Maschinen fliegen für „Rot". Am Boden stehen fast alle Flugabwehrsysteme, mit denen sich NATO-Maschinen in einem richtigen Konflikt auseinandersetzen müssten. Neben simulierter Flakartillerie setzt „Rot" sowjetische Systeme wie die SA-6, die europäische „Roland"-Rakete oder „Stingers" oder ihr russisches Pendant ein. Außerdem steht „Rot" das gesamte Spektrum an elektronischen Gegenmaßnahmen zur Verfügung. Die rote Manöverpartei stört Sensoren und Funkverkehr der blauen Kräfte so effektiv wie möglich. Im Laufe der 2 Wochen steigert sie den Schwierigkeitsgrad allmählich und versucht, den „Blauen" das Erfüllen ihres Auftrages so schwer wie möglich zu machen. „Wir trainieren den ‚worst case', um im Ernstfall eine leichtere Situation vorzufinden", sagt Major Ralph Englbrecht vom JaboG 32.

„Red Flag" erwies sich als erfolgreiche Einrichtung. Im Laufe der Jahre schickten immer mehr Länder Besatzungen und Flugzeuge nach Nellis. Mittlerweile üben dort neben US-Verbänden und deutschen Besatzungen auch die Luftwaffen vieler NATO-Partner. Auch amerikanische Verbündete aus dem pazifischen Raum sind präsent: Die Luftwaffen Australiens, Süd-Koreas und Singapurs nutzen diese einzigartige Trainingsmöglichkeit. Das „Red Flag"-Konzept diente als Vorlage für weitere Übungen.

„Green Flag" und „Maple Flag"

„Green Flag" fand ebenfalls in Nellis statt. Diese „Flag"-Übung trainierte die elektronische Kampfführung (Eloka) unter realistischen Bedingungen. Zu „Green Flag" kommen deswegen überwiegend Eloka-Maschinen. Das waren speziell die ECR-Tornados aus Lechfeld. Unter den US-Maschinen waren dann Störflugzeuge wie die Grumman EA-6B der U.S. Navy oder die elektronischen Aufklärer vom Typ Boeing EC-135 „Rivet Joint". Die amerikanische Luftwaffe hört mit der EC-135 den gegnerischen Funkverkehr ab. Das Flugzeug selbst ist eine Variante des Boeing 707-Verkehrsflugzeugs.

Das Jagdbombergeschwader 32 schickte zum ersten Mal 1997 Besatzungen und Flugzeuge zu „Green Flag". Acht Crews übten Eindring-Missionen im Tiefflug gegen die Flugabwehr der „roten" Manöverpartei. Zu der gehörten ebenfalls deutsche Luftwaffensoldaten. Denn zeitgleich übten Flugabwehr-Verbände im Rahmen von „Roving Sands" in der Wüste Nevadas. Deren „Roland"- und „Patriot"-Batterien gehörten zu den Angriffszielen von „Blau". Die ECR-Besatzungen waren dabei die einzigen nichtamerikanischen Teilnehmer. „Green Flag" fand im Jahr 2000 zum letzten Mal statt. Die Eloka-Kräfte, die eigentlich „Red Flag" realistischer machen sollten, nahmen nicht mehr teil und gingen zu „Green Flag". Außerdem erschien es der amerikanischen Luftwaffe zu kostspielig, zwei große „Flag"-Übungen auf der gleichen Basis durchzuführen. Also wurde „Green Flag" mit „Red Flag" zusammenengelegt.

„Maple Flag" wird jedes Jahr auf dem Luftwaffenstützpunkt Cold Lake im kanadischen Alberta abgehalten. Die Übung beeinhaltet drei Trainingsperioden von je zwölf Tagen Länge. Die „blauen" Luftstreitkräfte operieren gegen Ziele auf der Cold Lake Weapons Range. Das sind nachgestellte militärische Einrichtungen wie Bunker, Fahrzeugkonvois, Stellungen von Bodentruppen und Scheinflugplätze. „Rote" Einheiten sind F-16-"Aggressors" aus Nellis und F-14-Jäger der U.S. Navy. Im Mai und Juni 2000 gehörten auch deutsche MiG-29-Jäger dazu. Als Teil von „Blau" operierten IDS-Tornados des Jagdbombergeschwaders 33 und des Aufklärergeschwaders 51.

Die „Maple Flag"-Szenarien tragen den Erfahrungen aus Konflikten der letzten Jahre Rechnung. Früher lag der Schwerpunkt auf Angriffsmissionen im Tiefflug. Aber da bereits seit dem Golfkrieg immer mehr Mission in mittleren oder großen Höhen geflogen werden, gehören die jetzt zum Trainingsprogramm.

Kampftraining über See

Was für die Luftwaffe die Flag Exercises sind, ist für die Marine die alle zwei Jahre stattfindende Übung in Roosevelt Roads auf Puerto Rico. Für fünf bis sechs Wochen schickt die Marine 8 Tornados mit 12 Besatzungen und 250 Soldaten in die Karibik. In Roosevelt Roads unterhält die U.S. Navy ein großes, mit Messinstrumenten und Überwachungsanlagen ausgestattes Übungsgebiet. Große Seeräume und der Himmel über ihnen sind mit einem elektronischen Koordinatengitter durchzogen, um die Bewegungen der übenden Schiffe und Flugzeuge verfolgen zu können. Die Marineflieger üben in Roosevelt Roads den Einsatz ihrer Waffen. Sie schießen mit HARM- oder Kormoran-Lenkwaffen auf Übungsziele, werfen Bomben und trainieren den Einsatz der Bordkanonen. Außerdem fliegen sie Einsätze im Rahmen eines Übungsszenarios .

Interkontinentale Verlegungen sind ohne Luftbetankung kaum durchführbar. Hier tanken „Tornados" des MFG 2 an einer amerikanischen KC-10. Bild: MFG 2

Marineflieger und Flotte trainieren zusammen mit der U.S. Navy. Die „Tornados" des MFG 2 starten vom dortigen Fliegerhorst und fliegen simulierte Angriffe auf deutsche oder amerikanische Kriegsschiffe. Außerdem schießen beide Seiten unter kontrollierten Bedingungen aufeinander: „Die Schiffe schießen scharf auf unsere Kormorane", beschreibt Korvettenkapitän Broder Nielsen diesen Übungsteil. Eine Fregatte oder ein Zerstörer feuert dann mit Flugabwehrraketen auf eine sich nähernde Lenkwaffe ohne Sprengkopf.

Die Manöverszenarios sahen in der Vergangenheit die sowjetische Flotte als Gegner an. Für die Marineflieger hieß das: Operieren vom eigenen Platz aus zum Schutz der Ostseezugänge oder anderer NATO-Gebiete. Heute gehört das MFG 2 zu den Krisenreaktionskräften der Bundeswehr. Die „Tornados" des Geschwaders kämen also eher bei multinationalen Operationen zur Friedenserhaltung oder zur Durchsetzung internationaler Sanktionen zum Einsatz. Daran orientieren sich heutige Manöverszenarien.

Die NATO-Übung „Linked Seas" im vergangenen Jahr nahm ethnische Konflikte auf der portugiesischen Atlantikinsel Madeira an. See- und Luftstreitkräfte sollten eine Blockade einrichten, um Waffenlieferungen an die Konfliktparteien zu verhindern. Außerdem sollten sie eine internationale Friedenstruppe beim Durchsetzen eines Waffenstillstandes unterstützen.

Für die Marineflieger eine Premiere besonderer Art: Sie verlegten mit 17 „Tornados", 750 Soldaten und Material sowie Feldjägern und Marinesicherungs-Infantrie auf den portugiesischen Flugplatz Ovar. „Ein Flugplatz, auf dem es außer Startbahn, Hallen und Tower nichts gibt", sagt Korvettenkapitän Broder Nielsen, der den Einsatz leitete, über Ovar.

Ein Marine-„Tornado" feuert eine „Kormoran"-Lenkwaffe ab. Bild: MFG 2

Also mussten die Marinesoldaten einen kompletten Stützpunkt mit Zeltstadt aufbauen. Außerdem absolvierte das Geschwader eine sogenannte „Operational Evaluation" – über 90 Prüfer der NATO wachten mit Argusaugen darüber, ob das Geschwader Verlegung und Manöver erfolgreich durchführen würde. Aber sie fanden nicht viel zu kritisieren und stuften das MFG 2 als „fully mission capable" oder uneingeschränkt einsatztauglich ein.

Dies war nicht nur die bisher größte Verlegung der Marine. Es war auch das erste Mal, dass ein europäisches NATO-Geschwader eine solche Verlegeübung erfolgreich meisterte.

Ein „Tornado" des MFG 2 über der Karibik. Bild: MFG 2

Ständiges Einsatztraining

Zum Leistungsstand tragen kleinere und größere Übungen in Europa bei. Das „Tactical Leadership Program" (TLP) ist eine Flag-Exercise im Kleinformat. Das TLP findet zwei Mal im Jahr statt – einmal auf der belgischen Luftwaffenbasis Florennes, das andere Mal auf einem anderen Stützpunkt irgendwo in Europa.

Die Luftwaffe nimmt an sechs großen NATO-Übungen teil. Diese Übungen haben regionale Schwerpunkte: „Frisian Flag" etwa findet über dem westlichen Norddeutschland, den Niederlanden und den angrenzenden Seegebieten statt. An diesem Manöver beteiligen sich Kampfflugzeug-Besatzungen aus fast allen NATO-Ländern. Die Marineflieger beteiligen sich alle zwei Jahre an „Strong Resolve", einer großen Übung im NATO-Nordbereich.

Luftwaffe und Marine entsenden Flugzeuge zum „NATO Air Meet". Das ist ein jährliches Manöver im NATO-Nordbereich mit über hundert teilnehmenden Flugzeugen. Es dauert zwei Wochen. 2001 fand es im norwegischen Örland statt.

Alle Verbände beteiligen sich an kleineren Übungen. Allerdings verlegen dann nur wenige Maschinen. So schickten die Aufklärer aus Jagel sechs Maschinen zu einer Übung ins französische Reims. Die Marineflieger entsenden Flugzeuge und Besatzungen zur Übung „Nimes Garones" an der französischen Mittelmeerküste. Sie schicken zwei Mal im Jahr vier Maschinen dorthin. Sie üben auf Island zwei Mal pro Jahr im Rahmen der „Tacex"-Übung eine Woche lang mit der U.S. Air Force. Für den „Joint Maritime Course" stellt das MFG 2 ein bis zwei Mal pro Jahr sechs Maschinen und Besatzungen ab, die dann für zwei Wochen nach Lossiemouth oder Leuchars in Schottland fliegen. Dort trainieren sie gemeinsam mit britischen „Tornado"-Besatzungen, die in der maritimen Angriffsrolle operieren.

Ein weiteres Mittel, um Erfahrungen zu sammeln, ist der Staffelaustausch: Beispielsweise pflegt die 2. Staffel des Marinefliegergeschwaders 2 Kontakte zu den polnischen Marinefliegern. Außerdem übt sie mit einer dänischer F-16-Staffel und einer türkischen Jäger-Einheit.

Grundsätzlich üben die „Tornado"-Verbände auch in Deutschland alles. Das kann von Szenarien mit feindlicher Luftüberlegenheit und der Notwendigkeit, tief zu fliegen, bis zu Überwachungsmissionen wie über dem ehemaligen Jugoslawien reichen. Bei Luftkampfübungen sind dann nicht „Aggressors" wie bei „Red Flag" die Gegenspieler, sondern beispielsweise deutsche F-4F-Jäger. Die ECR-Maschinen nutzen die „Polygone"-Range in der Nähe von Ramstein. Dort stehen, ähnlich wie auf der Nellis Range, zahlreiche Flugabwehrsysteme aus westlicher Produktion und Simulatoren russischer Radaranlagen.

Eine IDS-Formation über Nevada bei „Red Flag" 1992. Bild: Major Ralph Englbrecht

Eine ECR-Maschine der Alarmrotte in Piacenza wartet auf ihren Einsatz. Bild: Major Ralph Englbrecht

7

Ernstfall mitten in Europa!

Der Balkan-Einsatz

Die Bürgerkriege auf dem Gebiet des ehemaligen Jugoslawien haben viele Ursachen. Zum einen sind es historisch gewachsene Rivalitäten zwischen Serben, Kroaten, Bosniaken und Albanern. Die Religion spielt eine Rolle: Die Serben sind orthodoxe Christen, die Kroaten katholisch. Bosniaken und Albaner sind Moslems. Am schwersten wog, dass sich in Jugoslawien während des Zerfalls der sozialistischen Ordnung keine pluralistische Demokratie entwickeln konnte. Stattdessen bestimmte der radikale Nationalismus immer mehr das politische Denken.

Um die Etablierung und Kontrolle ethnisch homogener Siedlungsgebiete entbrannten grausame Kämpfe. Eine besondere Ironie der Geschichte liegt darin, dass die ersten Kampfeinsätze deutscher Soldaten in einer Region stattfanden, die im Zweiten Weltkrieg Schauplatz eines blutigen Guerillakrieges zwischen deutschen Besatzern und verschiedenen Befreiungs-Armeen war.

Der deutsche Einsatz beginnt – Aufbau des EG 1 in Piacenza

Die Geschichte des deutschen Jugoslawien-Einsatzes beginnt bereits im Sommer 1992. Deutsche Schiffe beteiligten sich an der Überwachung des UN-Embargos gegen die Konfliktparteien. Außerdem flogen im Rahmen der UN-Luftbrücke „Transall"-Maschinen Hilfsgüter ins eingeschlossene Sarajewo. Deutsche Luftwaffensoldaten in AWACS-Aufklärern halfen bei der Überwachung des Flugverbots über dem Bürgerkriegsgebiet. Kampfflugzeuge der NATO überwachten bereits seit Oktober 1992 den Luftraum über Bosnien, um das von der UNO verhängte Flugverbot durchzusetzen. Als die Versorgung der Zivilbevölkerung schwieriger wurde, flogen die Luftwaffen-Transporter auch Nachtmissionen über Ostbosnien und warfen Lebensmittel ab.

Die Vereinten Nationen schickten zunächst Truppen im Rahmen der UNPROFOR (United Nation Protection Force) ins Kriegsgebiet, um die Zivilisten in den eingerichteten Schutzzonen zu beschützen. Die Blauhelme sollten die Konfliktparteien trennen und dafür sorgen, dass sie sich an die Waffenstillstandsvereinbarungen hielten. Das betraf insbesondere die Ablieferung der schweren Waffen, die in von UN-Soldaten bewachten Depots gelagert wur

ECR-„Tornados" warten unter Schutzzelten auf ihren nächsten Einsatz. Bilder: PIZ Luftwaffe

Ein „Tornado"-Aufklärer vom AG 51 beim Einsatzgeschwader 1 in Piacenza. Bild: PIZ Luftwaffe

den. Außerdem sollte die UNPROFOR Hilfslieferungen über Land absichern.

Leider misslang der Versuch der UNO, insbesondere in Bosnien durch Verhandlungen und politischen Druck dauerhaft für Frieden zu sorgen. Die Konfliktparteien vertrieben und ermordeten Angehörige der jeweils anderen Volksgruppe, um ein ethnisch homogenes Siedlungsgebiet in die Hand zu bekommen. Diese sogenannten „ethnischen Säuberungen" erreichten mit der Besetzung der UN-Schutzzone von Srebrenicza einen traurigen Höhepunkt. Die Truppen der bosnischen Serben vertrieben Frauen, Kinder und die Älteren aus dem Ort und ermordeten alle Männer im wehrfähigen Alter.

Unter dem Eindruck dieser Ereignisse entschloss sich die UN zum Einsatz eines stark bewaffneten Verbandes. Er sollte nicht nur in Bedrängnis geratene Blauhelme unterstützen, sondern auch eine mögliche Evakuierung der zivilen Helfer und der UN-Soldaten sichern. Am 30. Juni 1995 beschloss der Bundestag die Entsendung eines deutschen Kontingents zur Unterstützung dieses Verbandes. Die fliegenden Kräfte sollten aus „Tornado"-Kampfflugzeugen, Breguet „At-

Ein „Tornado"-Aufklärer verlässt seinen Stellplatz. Bild: PIZ Luftwaffe

lantique"-Maschinen zur elektronischen Aufklärung und zwei „Transall"-Transportern bestehen.

Die ersten „Tornado"-Maschinen landeten am 21. Juli 1995 in Piacenza. Eine Luftbrücke von „Transall"-Maschinen flog Personal und Versorgungsgüter ein. Acht ECR-Maschinen aus Lechfeld und sechs „Tornado"-Aufklärer aus Jagel bildeten das fliegende Element des Einsatzgeschwaders 1. Am 26. Juli wurde der neue Verband der NATO unterstellt. Die Flugzeuge begannen mit Übungsflügen über Italien und dem Mittelmeer. Das Geschwader sollte den neuen Verband in Bosnien unterstützen, indem es für ihn Aufklärung flog. Die ECR-"Tornados" sollten die Aufklärer vor der Luftabwehr der bosnischen Serben schützen und andere NATO-Flugzeuge auf ihren Missionen begleiten. Die Bodentruppen, der sogenannte Schnelle Einsatzverband, ging am 24. Juli in Bosnien an Land und machte sich auf den Weg nach Sarajewo. Er bestand aus französischen, englischen und holländischen Soldaten.

Mit ihnen schickte die NATO zum ersten Mal schwerbewaffnete Kampfeinheiten nach Bosnien-Herzegowina. Der Schnelle Einsatzverband bezog Stellungen in der Umgebung von Sarajewo, insbesondere auf dem Berg Igman, den vorher die bosnischen Serben besetzt gehalten hatten. Bei Beginn der kroatischen Offensive in der Kraijna wurden die deutschen Flugzeuge in Alarmbereitschaft versetzt. ECR-"Tornados" starteten zum ersten Mal am 7. August 1995 zu einem Flug über Bosnien-Herzegowina. Drei Maschinen begleiteten A-10- und F-18-Kampfflugzeuge zu einem Übungseinsatz über Sarajewo.

Die Tornado-Aufklärer begannen am 22. August mit ihren Einsatzflügen. An diesem Tag flogen zwei „Tornados" Aufklärung für den Schnellen Einsatzverband und wurden dabei von drei ECR-Maschinen begleitet.

Die Bedrohung ging dabei ausschließlich von Flugabwehrraketen aus. Die bosnischen Serben verwendeten Raketen der sowjetischen Typen SA-2, SA-3 und SA-6. Die SA-2 und SA-3 sind ältere Modelle, die mit Sattelschleppern transportiert und zum Abschuss auf einen Werfer geladen werden. Die SA-6 ist wesentlich mobiler. Eine Batterie besteht aus mehreren Kettenfahrzeugen. Ein Fahrzeug trägt das Radar, ein weiteres den Leitstand. Dazu kommen ein oder mehrere Werferfahrzeuge mit Raketen. Außerdem verfügten sie über tragbare Raketen mit Hitzesuchkopf, die ein einzelner Schütze auf tieffliegende Kampfjets und Hubschrauber abfeuern kann. Eigene Jäger hatten sie nicht. Ihre einzigen Kampfflugzeuge waren knapp 25 leichte Jagdbomber aus rumänischer und jugoslawischer Produktion.

Um nicht in den Wirkungsbereich der Flugabwehr zu geraten, flogen die Aufklärer in Höhen über 3.300 Meter. Die ECR-"Tornados" operierten in Höhen um 6.600 Meter.

Operation „Deliberate Force"

Den Anlass für Operation „Deliberate Force" lieferte ein serbischer Mörserangriff auf einen Marktplatz in Sarajewo am 28. August 1995. 37 Menschen starben. Bereits am Nachmittag desselben Tages begannen Planungen für eine kombinierte UN-NATO-Luftoperation. Das Combined Air Operations Centre in Vicenza versetzte 350 Kampfflugzeuge, Tanker und AWACS-Maschinen in Bereitschaft, um Stellungen der bosnischen Serben um Sarajewo und in deren eigenem Machtbereich anzugreifen.

Ein „Tornado"-Aufklärer auf dem Rollfeld von Piacenza. Bild: PIZ Luftwaffe

Die ersten Kampfflugzeuge starteten am 29. August und griffen Ziele in Ost-Bosnien an. Die Angriffe sollten die Flugabwehr der bosnischen Serben treffen. Weitere Missionen richteten sich gegen Munitionslager, Nachrichtenverbindungen und Reparatureinrichtungen im Raum Sarajewo.

Am 30. August schoss die Flugabwehr der bosnischen Serben ein französisches Mirage 2000 N K-2-Kampfflugzeug in der Nähe von Pale ab. Pilot und WSO retteten sich mit dem Schleudersitz und landeten auf serbischem Gebiet. Ihren ersten Kampfeinsatz im Rahmen von „Deliberate Force" flogen deutsche Aufklärer am 1. September. Sie konnten bei der Suche nach der Mirage-Besatzung helfen, weil die sich in einem Gebiet aufhielt, dass die „Tornados" bei ihren Missionen überflogen. Tatsächlich legten die französischen Flieger immer wieder Zeichen für eine Rettungsmission aus. Aber alle Rettungsversuche schlugen fehl. Zwei Einsätze von amerikanischen und französischen Spezialeinheiten mussten abgebrochen werden, weil die Hubschrauber von serbischem Militär beschossen wurden. Weitere Versuche verhinderte das schlechte Wetter. Während „Allied Force" flogen die deutschen

Ein startender „Tornado"-Aufklärer. Bild: PIZ Luftwaffe

Flugzeuge weitere Einsätze zur Unterstützung des Schnellen Kampfverbandes.

Die NATO schickte pro Tag fünf Angriffsformationen nach Bosnien. Die meisten von ihnen griffen Munitionsdepots und Versorgungseinrichtungen der bosnischen Serben bei Pale und Sarajewo an. Andere Flugzeuge beschossen serbische Stellungen um Sarajewo. Am 1. September setzte die NATO die Luftangriffe aus, um den Serben Zeit zu geben, ihre schweren Waffen aus einem Umkreis von 20 Kilometern um Sarajewo abzuziehen. Als das nicht geschah, gingen die Angriffe weiter. Die NATO zerstörte systematisch die militärische Infrastruktur der bosnischen Serben. Ein weiterer Verhandlungsversuch am 10. September blieb ohne Ergebnis.

Allerdings begannen serbische Soldaten, ihre Stellungen an der Front zu verlassen. Im Westen griff die kroatische Armee die Serbe in der Kraijna an und vertrieb sie aus Kroati en. Am 13. September stimmten die bosni schen Serben einem Waffenstillstand zu. Si zogen ihre schweren Waffen aus der Umge bung von Sarajewo ab, öffneten den Flugha fen für Hilfsflüge und erlaubten Hilfstranspor ten am Boden die Fahrt in die Stadt. Die NAT stellte ihre Luftangriffe ein. Allerdings kreuz ten weiter Kampfflugzeuge am Himmel, u die Einhaltung des Waffenstillstands und di andauernden Kämpfe zwischen Serben un Kroaten zu überwachen. Am 20. Oktober tra in ganz Bosnien ein Waffenstillstand in Kraft

Zwischen den Bürgerkriegsparteien bega nen Friedensverhandlungen. Sie endeten i Dezember 1995 mit dem Friedensvertrag vo Dayton. Die NATO-Luftstreitkräfte wurde Teil der „Implementation Force" (IFOR), mi denen die NATO die Umsetzung des Abkom mens absichern sollte. Damit änderten sich di Aufgaben für das EG 1. Jetzt überwachte de

Ein Aufklärungstornado auf dem Weg ins Einsatzgebiet. Bild PIZ Luftwaff

„Tornado"-Aufklärer bei der Luftbetankung an einer Tristar K.1 der RAF. Bild: PIZ Luftwaffe

/erband die Einhaltung des Friedensabkom-mens. Außerdem halfen die Aufklärer den JN-Ermittlern bei der Suche nach Massengrä-bern. Im Dezember 1996 wurde aus der IFOR die „Stabilization Force" oder SFOR, die bis heute in Bosnien stationiert ist.

Der Kosovo-Krieg – Ursachen und Vorgeschichte

Auch der Kosovo-Krieg hat seine Ursachen im ethnischen Flickenteppich auf dem Balkan. Als Tito noch lebte, genoss die albanische Bevölkerung im Kosovo Autonomie. Die jugoslawische Verfassung von 1974 gab dem Kosovo den Status einer autonomen Provinz Jugoslawiens mit losen Bindungen an Serbien. Das änderte sich, als sich Jugoslawien nach dem Tode Marschall Titos auflöste. Präsident Milosevic hob Ende März 1989 die Autonomieregelungen aus Titos Zeit auf. Gleichzeitig versuchte die albanische Bevölkerungsmehrheit, durch passiven Widerstand ihre Unabhängigkeit zu erreichen.

Belgrad machte Serbisch zur alleinigen Amtssprache und übernahm die Kontrolle über Polizei, Gerichte und die Verwaltung. Albaner mussten Käufe oder Verkäufe von Grundbesitz durch die serbischen Behörden genehmigen lassen. Die Regierung in Belgrad verlegte 25.000 Soldaten und Polizisten ins Kosovo, um die neue Ordnung durchzusetzen. Tausende von Albanern wurden in Schnellverfahren verurteilt. Bei gewalttätigen Auseinandersetzungen gab es Tote und Verletzte.

Im Laufe des Jahres 1990 beruhigte sich die Lage. Allerdings ging diese Beruhigung einher mit der weitgehenden Verdrängung der kosovo-albanischen Elite aus allen wichtigen Positionen. Ärzte und Krankenschwestern wurden entlassen, der albanischsprachige Radio- und Fernsehsender geschlossen.

Die albanische Gesellschaft des Kosovo ging in den Untergrund. Sie baute ein eigenes Gegen-Gemeinwesen mit eigenem Parlament,

Eine von ehemals 16 MiG-29 der jugoslawischen Luftwaffe. Bild: Archiv GN

eigener Verwaltung, Schulen, Krankenhäusern und einer Universität auf. Finanziert wurde der Schattenstaat durch freiwillige Abgaben der Albaner im Kosovo und durch Spenden von Auslands-Albanern. Zwischen Serben und Albanern entstand ein oberflächlicher Frieden: Die serbische Polizei kontrollierte das Land, aber nicht die Menschen. Während in Bosnien und Kroatien gekämpft wurde, hielt die albanische Opposition am gewaltlosen Widerstand fest.

Die westlichen Regierungen fanden gute Worte für die Albaner, aber sie unterstützten sie nicht. 1996 scheiterte ein Versuch des Albanerführers Rugowa, mit dem serbischen Präsidenten Milosevic einen friedlichen Ausgleich zu erzielen. Beide unterschrieben zwar eine Vereinbarung über neue albanische Schulen, aber die serbische Regierung setzte sie nie um. Die Befürworter des bewaffneten Kampfes gewannen immer mehr an Boden. 1996 machte die UCK oder Befreiungsarmee Kosovo zum ersten Mal durch Anschläge von sich reden. Zwei Jahre später war aus kleinen Scharmützeln ein Bürgerkrieg geworden. Die ersten Vertreibungen begannen. Im Oktober 1998 unterzeichneten die Konfliktparteien einen Waffenstillstand. Den sollten OSZE-Beobachter überwachen. Aber der Waffenstillstand brach bei heftigen Kämpfen im Dezember zusammen. Immer mehr Albaner flohen vor serbischen Paramilitärs und Polizeikräften. Als auch die Friedensverhandlungen von Rambouillet im März 1999 scheiterten, griff die NATO zu mi litärischen Mitteln.

Operation „Allied Force" – die NATO greift ein

Als die Operation „Allied Force" am 24. März 1999 begann, verfügte das Einsatz geschwader 1 über acht ECR-Maschinen und sechs Aufklärer. Missionen wurden wie übe dem Kosovo in mittleren und großen Höhen geflogen, um der Bedrohung durch leichte Flugabwehrraketen und Flak-Artillerie zu ent gehen. Die NATO bot am Anfang 250 Kampf flugzeuge auf. Diese Zahl wuchs bis Mai au 912 Maschinen – Jäger wie die F-16 und die F-15, deutsche, britische und italienische „Tor nados", F-117-Tarnkappenbomber, Bombe der Typen B-1 und B-2, Tanker und ECM-Flug zeuge. Kriegsschiffe in der Adria feuerten Marschflugkörper auf serbische Ziele. Neben der kriegswichtigen Infrastruktur in Serbien griff die NATO auch die serbische Armee im Kosovo an, um die systematische Vertreibung der Albaner zu behindern.

Die serbische Luftwaffe und Luftverteidigung

Die serbische Luftwaffe besaß bei Kriegs beginn eine Staffel MiG-29 und drei Staffeln MiG-21-Jäger. Die Flugabwehr am Boden ver fügte über Lenkwaffen SA-6 und SA-2/3 aus ehemals sowjetischer Produktion. Auch die Radars kamen aus der früheren Sowjetunion und zum Teil aus westlicher Produktion. Tief flieger konnten sie mit tragbaren Raketen wie der SA-7, der SA-14 und der amerikani schen „Stinger" bedrohen. Hinzu kamen „Shilka"-Flakpanzer und SA-9-Raketen au Radpanzern. Auch die Rohrwaffen waren überwiegend sowjetische oder russische

Waffen der Kaliber 14,5mm, 40mm, 55mm, und einzelne radargeleitete 105mm-Flak. Flakartillerie mag an sich veraltet sein. Trotzdem sind Kanonen für Flugzeuge gefährlich, selbst dann, wenn die Geschosse nicht direkt treffen. Eine Flakgranate, die dicht neben einem Jet platzt, überschüttet ihn mit Splittern. Die können die Besatzung verletzen oder töten oder das Flugzeug so schwer beschädigen, dass es abstürzt.

Das serbische Militär setzte seine Luftabwehr sehr vorsichtig ein. Sie wollten ihr Ver-

Der „Tornado“ nähert sich mit der ausgefahrenen Sonde dem Tanker (links) und dann ist die Verbindung hergestellt – die Tanks füllen sich (großes Bild). Bilder: PIZ Luftwaffe

teidigungssystem intakt halten und westliche Kräfte binden, die sonst andere Ziele angegriffen hätten. Wenn ihre Stellungen bedroht waren, schalteten sie die Radars ab. Ein ECR-„Tornado" erzielte dann einen „soft kill"; ein „hard kill hätte die Zerstörung der Stellung bedeutet. Die Serben verschossen ihre Boden-Luft-Raketen ohne Radarlenkung, um NATO-Jets zum Ausweichen zu zwingen oder dazu zu bringen, vor Ausweichmanövern ihre Waffen abzuwerfen. „Die serbische Flugabwehr war sehr gut und effektiv", sagt Major Ralph Englbrecht vom JaboG 32 über den Gegner. Es gelang ihnen, die Abwehr am Boden über den Krieg zu retten. Dagegen gingen fast alle MiG-29 bei Luftkämpfen verloren.

Typische Missionen: Aufklärer

Die „Tornado"-Aufklärer flogen jeden Tag eine Mission, die acht bis 12 Ziele erfasste. Sie flogen in Höhen zwischen 5.000 und 15.000 Fuß. Die Aufklärungsflüge deckten größere Gebiete ab und suchten nach Flugabwehrstellungen und anderen militärischen Zielen. Das waren serbische Verkehrswege, Brücken, Stromverteiler, Depots und andere militärische Anlagen. Die Flüge dienten entweder dazu, Ziele für NATO-Kampfverbände zu finden, oder sie lieferten Erkenntnisse über den Erfolg oder Mißerfolg eines Luftangriffs.

Die Jets operierten nie allein. Zum gegenseitigen Schutz erfüllten sie ihre Aufträge zu zweit. Außerdem sorgten ECR-Maschinen für den Schutz vor der serbischen Flugabwehr. NATO-Jäger flogen Eskorte, um die Aufklärungsmaschinen vor serbischen Jägern zu beschützen. AWACS-Maschinen überwachten die Mission von ihren Parkpositionen aus. „Allein hat man keine Chance mehr", begründet Major Markus Göhler vom Aufklärungsgeschwader 51 dieses Vorgehen.

Einer der Aufklärer steuerte das Ziel so an, dass er es direkt überflog. Allerdings nahm er keinen geraden Kurs, sondern er flog möglichst unberechenbare Schlangenlinien. So konnte die serbische Flak kein Sperrfeuer in den Flugweg der Maschine legen. Dann raste der Jet für etwa 40 Sekunden über sein Ziel hinweg und ließ dabei die Kameras laufen. Die zweite Maschine flog in einigem Abstand am Ziel vorbei und nahm es von der Seite auf.

In gewisser Hinsicht hatten es die Aufklärer leichter als die Bomber. Sie mussten die Ziele überfliegen, aber nicht genau treffen. Aber hier lag auch das größte Risiko. Denn Bomber können Abstandswaffen einsetzen oder ihre Waffenlast im „loft"-Verfahren werfen. Dann können sie sicheren Abstand zum Ziel halten. Ein Aufklärer dagegen muß seinem Ziel so nahe kommen, dass seine Kameras Bilder machen können.

Die „Tornado"-Aufklärer bekamen ihre Aufträge vom Combined Air Operation Center der NATO in Vicenza. Täglich gegen 12.00 Uhr erhielt das EG 1 die ATO (Air Tasking Order) mit den Zielen für die Missionen des Folgetags. Die Besatzungen begannen mit der Flugplanung. Sie übertrugen Ziele und Flugwege auf ihre Karten. Dann mussten sie alle wichtigen Informationen über die Bedrohungslage im Zielgebiet sammeln und klären, welche anderen Kampfflugzeuge an der Mission beteiligt waren.

Als nächstes schrieben die Flieger einen Tankerplan, in dem die Rufzeichen, Funkfrequenzen und Positionen der Tankflugzeuge standen. Die kreisten in ausgewiesenen Zonen über der Adria, um Kampfflugzeuge auf ihrem Weg ins Kampfgebiet und auf dem Rückflug mit Treibstoff zu versorgen. Der Kommunikationsplan legte fest, wer die Mission führt und mit wem die Besatzung Kontakt halten muss. Schließlich gab der Waffensystemoffizier die Daten in den Planungscomputer ein. Diese Planungsphase dauerte etwa vier Stunden. Die Flieger bemühten sich, so wenig wie möglich dem Zufall zu überlassen. „Durch den Angstfaktor plant man gründlicher", meint Major Frank Aurin.

Der Dienst begann am nächsten Tag um 4.00 Uhr morgens. Jetzt musste der Missionsplan um die aktuelle Bedrohungslage ergänzt werden. Die Besatzungen vergewisserten sich, dass es bei den beteiligten Flugzeugen keine Änderungen gab. Wenn in der Tankerzone über der Adria ein anderes Tankflugzeug warten sollte, musste das in die Planung aufgenommen werden. Das kam häufiger vor. Dann tankten die Aufklärer nicht an der angemeldeten englischen Tri Star K.1, sondern an einer italienischen Boeing 707. Diese Planungsphase dauerte etwa eine Stunde.

Dann folgte das „Flight Briefing". Der „Flight Leader" legte fest, wie die Mission durchgeführt werden sollte. Eine Stunde vor dem Start gingen die Besatzungen zu ihren Flugzeugen. Die Piloten überprüften, ob ihr Flugzeug tatsächlich flugklar war und checkten die Bordwaffen – Maschinenkanonen und „Sidewinder"-Raketen – den Aufklärungsbehälter und die Selbstschutzanlage. Fanden sie ein technisches Problem am Flugzeug, stieg die Besatzung in eine Ersatzmaschine um.

Der eigentliche Flug dauerte etwa vier Stunden. Die Formation sammelte sich und flog über die Adria in Richtung Kosovo. Sie traf sich unterwegs mit einem Tankflugzeug, um ihren Treibstoffvorrat aufzufüllen. Über dem Kosovo selbst hielten sich die Aufklärer

AWACS-Maschinen wie diese britische Boeing E-3D „Sentry" überwachten den Luftraum über dem ehemaligen Jugoslawien. Bild: Boeing

nur etwa 20 bis 30 Minuten auf. Flüge über Bosnien dauern länger, weil Bosnien selbst wesentlich größer ist als der Kosovo.

Bei der Landung zeigte sich, wie sehr das Bodenpersonal mitfieberte. Sie hofften, dass der Flug ohne Schwierigkeiten und kritische Situationen verlaufen war. „Sie sind unheimlich froh, wenn man heil wieder zurück ist", erzählt Major Markus Göhler vom Auf-

Ein ECR-„Tornado" durchfliegt eine Wolkenbank. Bild: PIZ Luftwaffe

klärungsgeschwader 51. Nach der Landung klärten die Besatzungen beim technischen Debriefing Probleme, die möglicherweise während der Mission an ihrem Flugzeug aufgetreten waren. Die Filme aus den Kameras wurden sofort ausgewertet. Die ersten Negative waren etwa 15 Minuten nach der Landung fertig. Das Ergebnis des Fluges lag eine Stunde später dem Combined Operations Center in Vicenza oder der NATO in Brüssel vor.

Typische Missionen: ECR-„Tornados"

Die ECR-"Tornados" begleiteten Aufklärer bei ihren Flügen. Wie die Aufklärer flogen sie jeden Einsatz zu zweit. Sie beschützten aber auch Bomber bei ihren Flügen über Serbien und dem Kosovo. In der ersten Woche flogen die Kampfflugzeuge nur nachts. Ab der zweiten Woche patrouillierten sie in sogenannten „areas of responsibility" (AOR) über dem Kosovo. Sechs Flugzeuge konnten so den ganzen Kosovo überwachen und für den Schutz der anderen Flugzeuge sorgen.

Ziele in Serbien wurden nur im Rahmen einer „Composite Air Operation" angegriffen. Eine Formation aus ECR-Maschinen, Jägern, elektronischen Störflugzeugen und Bombern sammelte sich im eigenen Luftraum und flog dann nach Serbien hinein. Dabei flogen die ECR-"Tornados" voraus, um die serbische Luftverteidigung niederzuhalten. Sie waren als erste im Zielgebiet und blieben so lange, bis die letzten Bombenträger ihre Angriffe geflogen hatten und auf dem Rückflug waren. Umgekehrt durften Bomber nur angreifen, wenn die ECR-Maschinen die serbische Luftabwehr ausgeschaltet hatten. Oft reichte die schiere Präsenz der Kampfflugzeuge, um die serbische Luftverteidigung zum Abschalten ihrer Radars zu zwingen.

Wie gefährlich diese Flüge waren, zeigte sich bereits am zweiten Einsatztag. Ein ECR-Tornado wurde vom Radar einer SA-6-Stellung angestrahlt. Die stand direkt unter dem Flugzeug. Die Besatzung zündete die Nachbrenner und ging in den Sturzflug, um Geschwindigkeit aufzubauen. Nur so war das Flugzeug schnell genug, um Boden-Luft-Raketen ausweichen und den Sichtbereich des Radars im Überschallflug verlassen zu können. Die Besatzung feuerte HARM-Raketen ab, um die serbischen Soldaten zu zwingen, ihr Radar abzuschalten. Das gelang auch. Aber die SA-6-Stellung feuerte ungesteuerte Raketen auf das Flugzeug ab. Außerdem geriet der Kampfjet in den Wirkungsbereich der Flak. Die orientierte sich am Feuerstrahl der beiden Nachbrenner und schoss. Trotzdem konnte die Besatzung die Gefahrenzone verlassen. Aber während des Manövers warnte eine AWACS-Maschine die Flieger vor vier MiG-29, die direkt auf den ECR-„Tornado" zuflogen. Die serbischen Jäger drehten jedoch ab, als sie von NATO-Jets abgefangen wurden.

Ähnliche Situationen wiederholten sich. Das serbische Militär wusste, dass Kampfflugzeuge wie der „Tornado" in großen Höhen zu wenig Schub entwickelten, um einer Boden-Luft-Rakete auszuweichen oder den Sichtbereich eines Bodenradars zu verlassen. Die Piloten mussten den Nachbrenner einschalten und ihr Flugzeug „andrücken", um diese Geschwindigkeit zu erreichen. Also schalteten die Bedienungsmannschaften ihre Radars gezielt ein, um die NATO-Flugzeuge zum Sinkflug zu zwingen. Die „Tornados" gerieten so immer wieder in den Schussbe-

Ein ECR-„Tornado" bei der Landung mit ausgefahrener Schubumkehr. Bild: PIZ Luftwaffe

reich von Flakartillerie und tragbaren Flugabwehrraketen. Andere Jet-Besatzungen brauchten dieses Risiko nicht einzugehen. F-15E-Kampfflugzeuge haben stärkere Triebwerke und zünden einfach den Nachbrenner. Nachts hieß das aber, dass die serbische Flak das Feuer eröffnete, sobald die Soldaten die charakteristischen Feuerstrahlen am Himmel sahen.

Bei den ersten Nachteinsätzen waren die ECR-Besatzungen zunächst im Nachteil, weil sie ohne spezielle Nachtsichtbrillen (Night Vision Goggles oder NVGs) flogen. Das sind spezielle Sichtgeräte, die bei Nacht das Restlicht in der Umgebung so verstärken, dass der Träger ein einigermaßen klares Bild seiner Umgebung bekommt. Während des Konflikts rüstete die Luftwaffe jedoch elf ECR-Maschinen mit NVGs aus. Die Kontrolleuchten im vorderen Cockpit wurden von rotem auf grünes Licht umgestellt, damit sie den Piloten nicht blendeten.

ECR-Missionen wurden grob in Vicenza und Aviano geplant. Aus dem Combined Air Operation Center der NATO in Vicenza kamen die Einsatzbefehle, die in Aviano in eine detailliertere Planung umgesetzt wurde. 24 Stunden vor der eigentlichen Mission wurden die Ergebnisse nach Piacenza übermittelt. Die ECR-Besatzungen begannen vier bis fünf Stunden vor dem Start mit der Feinplanung ihres Fluges. Zwei Stunden vor dem Start begann das „Mission Briefing" über die Ziele und die an der Mission beteiligten Flugzeuge. Außerdem informierten sich die Besatzungen zum letzten Mal über die Bedrohungslage im Zielgebiet. Eine Stunde vor dem Start gehen die Besatzungen zu ihren Flugzeugen und beginnen mit den letzten Checks.

Nach dem Start brauchten die Maschinen etwa eineinviertel Stunden bis zum Rendezvous mit dem Großtanker. Die Luft-Luft-Betankung dauerte etwa 15 Minuten. Dann machten sich die Jets auf den Weg ins Einsatzgebiet. Ab der 2. Woche von „Allied Force" waren das die AORs über dem Kosovo. Dort kreuzten sie 45 Minuten und sicherten Einsätze von NATO-Kampfflugzeugen in diesem Gebiet. Dann flogen sie zu einem Tanker über der Adria, um erneut nachzutanken. Insgesamt verbrachten sie auf einer Mission drei Mal 45 Minuten über ihrer AOR. Hin- und Rückflüge zur Luftbetankung dauerten 15 Minuten. Insgesamt blieb die ECR-Formation sechs Stunden im Einsatzgebiet. Dann flog sie zurück nach Piacenza. Acht Stunden nach dem Start setzte sie wieder auf dem italienischen Fliegerhorst auf.

Nach der Landung folgte das Debriefing über technische Probleme und über taktische Besonderheiten, die bei der Planung des nächsten Einsatzes berücksichtigt werden mussten. Am Anfang von „Allied Force" hatte der Arbeitstag der Besatzungen 15 bis 16 Stunden, später 12 bis 14.

Die Ergebnisse von „Allied Force"

Die Flieger hatten die Grenzen von Luftmacht klar vor Augen. Die Vertreibung der albanischen Bevölkerung konnten sie nicht verhindern. Sie mussten zusehen, wie am Boden Ortschaften in Brand gesteckt und die Bewohner vertrieben wurden. Wenn die Flüchtlinge in den Bergen kampierten, waren ihre Lagerfeuer bei Nacht und guter Sicht deutlich zu erkennen.

Die NATO hätte diese humanitäre Katastrophe nur durch Bodentruppen verhindern können. Allerdings hatten sich die verantwortlichen Politiker dagegen entschieden. Erst als es so schien, als würde die serbische Regierung nicht nachgeben, plante man eine Bodenoffensive. Aber am 3. Juni akzeptierte Präsident Milosevic die Friedensbedingungen. Die serbischen Truppen sollten das Kosovo verlassen, und eine NATO-Streitmacht, die Kosovo-Force (KFOR), sollte eine Übergangsverwaltung der UN beim Wiederaufbau der öffentlichen Ordnung unterstützen. Am 9. Juni setzte die NATO die Luftangriffe aus, und am 12. Juni zogen die ersten serbischen Truppen ab. Gleichzeitig rückten die ersten NATO-Verbände ins Kosovo vor.

Das Einsatzgeschwader 1 flog im Rahmen von „Allied Force" 504 Missionen; 438 Einsätze entfielen auf die ECR-Maschinen, 66 auf die Aufklärer. Zur Unterstützung des KFOR-Einmarsches kamen bis zum 27. Juni 40 Missionen hinzu. Die ECR-„Tornados" kehrten am 2. Juli 1999 nach Lechfeld zurück. Die Aufklärer blieben mit drei Maschinen in Piacenza, um den Waffenstillstand zu überwachen. Etwa die Hälfte der Flüge führte sie über Bosnien, die andere Hälfte über das Kosovo.

Das Einsatzgeschwader 1 wurde Ende Juli 2000 aufgelöst. Ob „Deliberate Force" und „Allied Force" die einzigen Kampfeinsätze über dem Balkan waren, muss sich wohl erst herausstellen.

8

Upgrades und Studien für neue Kampfjets

Was kommt nach dem Tornado?

Der „Tornado" bildet seit 20 Jahren das Rückgrat der deutschen Luftangriffskräfte. Allerdings stehen im Rahmen der Luftwaffenstruktur 5 auch der „Tornado"-Flotte Veränderungen bevor. Ein „Tornado"-Geschwader, das in Memmingen stationierte Jagdbombergeschwader 34, wird bis 2003 aufgelöst. Das JaboG 38 „Friesland" wird sich weiter um die Europäisierung der jungen „Tornado"-Crews kümmern. In der reinen Jagdbomberrolle werden nur drei Geschwader erhalten bleiben, nämlich neben dem Verband in Jever die JaboGs 31 und 33.

Für die Bundesmarine stellt sich die Frage nach einem neuen Kampfflugzeug erst in 15 Jahren. Um für die nächsten Jahrzehnte gerüstet zu sein, unterzieht die Bundeswehr ihre „Tornados" einem umfangreichen Nachrüstungsprogramm.

Die deutsche „Tornado"-Flotte erhält neue Software und neue Avionik, um in Zukunft Präzisionswaffen einsetzen zu können. Bild: Autor

„Tornado" Next Generation: Neue Avionik, Neue Waffen

Die „Tornado"-Flotte der Bundeswehr erhält im ersten Jahrzehnt des neuen Jahrhunderts eine Palette neuer Waffen. Auch Avionik, Navigationssysteme und Software werden auf den neuesten Stand gebracht.

In der ersten Stufe dieses Programms rüsten Ingenieure und Techniker die „Tornado"-Flotte auf die sogenannte „Neue Avionikstruktur" oder ASSTA 1 um. „ASSTA" steht für „Avionics System Software Tornado in Ada". Die Avionik der Jets wird aufgerüstet und auf die auch im „Eurofighter" verwendete Computersprache Ada umgestellt. Der Hauptcomputer erhält einen größeren Speicher und einen schnelleren Hauptprozessor. Außerdem gehört ein neues Waffen-Interface zu ASSTA 1 – die deutschen „Tornados" erhalten die gleichen MIL 1760-Schnittstellen wie die britische GR.4-Flotte. Durch die neue Avionikstruktur können die „Tornados" neue Waffen und Sensoren einsetzen.

Für die Jagdbomber von Luftwaffe und Marine führt die Bundeswehr lasergelenkte Bomben und einen Zielbeleutungs-Behälter ein. Die Wahl der Bundeswehr fiel auf die amerikanische PavewayIII/GBU-24-Bombe. Zur Zielbeleuchtung kaufte sie den israelischen Elbit Litening-Behälter.

In der Spitze des Elbit Litening befinden sich ein Laser und optische Sensoren zum Erfassen des Ziels und zum Verfolgen der Bombe. Beide sind um drei Achsen beweglich, um Ziele auch dann sehen zu können, wenn das Flugzeug in einiger Entfernung an ihnen vorbei-

Neue Waffen: Der Elbit „Litening"-Pod zur Zielbeleuchtung und die lasergelenkte Paveway-III-Bombe. Bild: WTD 61

fliegt. Die Sensoren liefern normale Fernsehbilder und Infrarotaufnahmen, die der Waffensystemoffizier auf seinen Bildschirmen sehen kann. Der WSO richtet den Laser auf das Ziel und markiert es so für die Bombe.

Eine lasergelenkte Bombe (LGB) besteht aus einer normalen Bombe und einer Kontrolleinheit mit einem Lasersensor an der Spitze, Elektronik sowie Steuerflossen vorne und hinten. Die Kontrolleineit ist das amerikanische Paveway-System. Im Prinzip passt es an jeden Bombentyp.

Der Lasersensor an der Spitze der Bombe zeichnet den Reflex eines Markierungslasers im Ziel auf. So kann der WSO die Bombe mit großer Präzision ins Ziel steuern. Der Markierungslaser braucht nicht an Bord des Flugzeuges zu sein, das die Bombe wirft. Er kann in einem anderen „Tornado" mitfliegen. Aber auch Hubschrauber oder Spezialeinheiten am Boden können mit Hilfe eines Lasers Ziele markieren.

Lasergelenkte Bomben werden im Prinzip genauso eingesetzt wie konventionelle Bomben – also aus dem Geradeausflug, aus dem Bahnneigungsflug oder im Schleuderwurf.

Die Bundeswehr erprobte im Rahmen der im Frühjahr 2001 stattfindenden Operation „Blue Marlin" die neue Waffe. Drei „Tornados" flogen Ende März nach Eglin AFB in Florida, um über dem dortigen Testgelände LGBs und Zielbeleuchtungs-Behälter zu testen. Die Wehrtechnische Dienststelle 61 schickte einen „Tornado" mit Messinstrumenten in die USA, Luftwaffe und Marine je einen IDS-"Tornado".

Die Maschinen starteten am 2. März 2001 zur ersten Testmission. In den nächsten zwei Monaten folgten vierzehn weitere Einsätze, bei denen die drei Kampfflugzeuge in der Regel zusammen flogen.

Eine lasergelenkte Bombe Sekundenbruchteile vor dem Einschlag. Bild: WTD 61

Ein „Tornado“ wirft eine Paveway-Bombe. Bild: WTD 61

Die drei Testmaschinen mit Bomben und dem Elbit-Behälter (Mitte) in Eglin AFB. Bild: WTD 6

Die „Tornados" warfen sieben LGBs in verschiedenen Anfgriffsarten. Sie flogen Angriffe, bei denen der Bombenträger sein Ziel selbst beleuchtete, aus mittlerer Höhe im Geradeausflug, ebenso Angriffe im Tiefflug und aus dem Sturz. Auch sogenannte „cooperative attacks" standen auf dem Programm. Dann beleuchtet ein Kampfjet Ziele für ein anderes Flugzeug. Weitere Angriffe wurden im „loft"-Verfahren und gegen ein bewegliches Ziel geflogen. Die Flugzeuge erzielten sechs Treffer.

Die Luftwaffe hat Paveway III-Kontrolleinheiten für die 900kg (Mk.84)-Eindringbomben beschafft. Auch die Marineflieger erhalten Paveway-Systeme für die Mk.84-Bombe. Die Luftwaffe hat genügend Elbit-Behälter und Paveway-Vorrichtungen, um Besatzungen mit der neuen Waffe zu schulen. Bis Ende 2001 werden 20 „Tornados" mit LGBs einsatzberei sein.

Die Marineflieger führen für ihre HARM Lenkwaffen den Block 3B-Standard mit ver besserter Software ein. Die neue Software verbessert die Zielgenauigkeit und ermöglich die Einrichtung von Sperrzonen, in die die Ra kete nicht hineinfliegt. So lassen sich Verluste unter Zivilisten vermeiden. Außerdem können lie Block 3B-HARMs Radarstellungen treffen, lie abgeschaltet haben.

Die Marineflieger starten ab 2002 mit dem „Kormoran 2"-Flugkörper. „Kormoran 2" eichnet sich durch eine größere Reichweite us und kann sein Ziel tiefer anfliegen als „Kormoran 1". Außerdem ist die neue Lenkvaffe widerstandsfähiger gegen elektronische Gegenmaßnahmen von Kriegsschiffen. Das können Wolken aus „Chaff"-Folien sein. Oder Scheinziele, die die ECM-Systeme des chiffes oder des Bordhubschraubers erzeugen. Das Kriegsschiff kann auch durch eigene törsender das Radar in der Rakete verwirren.

Die 2. Stufe der Nachrüstung

ASSTA 2 entspricht den Programmen zur Kampfwerterhaltung (KWE) und Kampfwertsteigerung (KWS) der Luftwaffe und Marine. ASSTA 2 bringt weitere Verbesserungen für lie Sensoren und die Navigationssysteme. Die ntwicklungsarbeiten laufen seit Dezember 2000. Die notwendige Hardware wird dann ab 2005 gekauft im Rahmen der Depotinstandsetzung in die Kampfflugzeuge von Luftwaffe nd Marine eingebaut. Bis 2009 sollen diese Nachrüstungen abgeschlossen sein.

Die „Tornados" erhalten ein hochpräzises aser-Trägheitsnavigationssystem. Der GPS-mpfänger, bisher als externe Navigationshilfe an Bord, wird ins neue System integriert. So önnen die Besatzungen noch genauer navigieren als bisher. In beiden Cockpits werden eue hochauflösende Multifunktions-Displays ingebaut. Die sollen das sogenannte Mensch-Maschine-Interface" verbessern. Pilot und Waffensystem-Offizier können auf einer neuen, digitalen Kartendarstellung nicht ur Position und Kurs des Flugzeugs verfolgen. Sie erhalten auch taktische Informationen und können sich den technischen Status ihres Kampfjets darstellen lassen. Ein neuer, farbiger EWI (Electronic Warfare Indicator) ermöglicht eine bessere Übersicht über die ECM-Situation. Der Waffensystem-Offizier wird von einem programmierbaren Display unterstützt, den er je nach Mission einstellen kann.

Der „Kormoran 1"-Flugkörper der Marineflieger wird ab 2002 durch den „Kormoran 2" ersetzt. Bild: MFG 2

In den modernisierten „Tornados" arbeitet ein verbessertes elektronisches Verteidigungssystem: Das „Tornado Defensive Aid System" (TDASS) wird aufgewertet, um das Flugzeug auch gegen die nächste Lenkwaffen-Generation schützen zu können. Ein neuer Radar-Warnempfänger kommt an Bord. Er liefert den genauen Winkel, aus dem der Gegner das Flugzeug anstrahlt. So kann die Besatzung durch eine Versetzungspeilung den Sender genau orten.

Weitere Maßnahmen machen die Kampfflugzeuge netzwerkfähig. Wahrscheinlich ab 2003 können sie über das „Multifunctional Information Distribution System" (MIDS) Daten mit anderen Jets oder mit AWACS-Flugzeugen austauschen. MIDS soll der Standard-Datalink der NATO werden und die „situational awareness" der Besatzungen verbessern. Über MIDS schicken sich nicht nur Flugzeuge, sondern auch Schiffe und Bodenstationen taktische Informationen.

Die ersten Flugzeuge mit MIDS waren amerikanische F-15E-Bomber. Inzwischen können auch britische „Tornado"-Besatzungen auf dieses taktische Internet der NATO zugreifen. MIDS würde bei der Luftwaffe an die Stelle von ODIN treten, das mit den Data-

Ein „Tornado" der WTD 61 mit zwei „Taurus"-Marschflugkörpern unter dem Rumpf. Bild: WTD 61 via EADS

links anderer NATO-Partner nicht kompatibel war.

ASSTA 2 umfasst auch neue Waffen. Ein „Tornado"-Geschwader der Luftwaffe soll in Zukunft den Marschflugkörper „Taurus"einsetzen können. Der EADS „Taurus" KPD 350 ist ein 1,4 Tonnen schwerer Flugkörper. Er ist etwa 5 Meter lang. Den Antrieb liefert ein Düsentriebwerk. Er kann aus Entfernungen von 200 bis mehr 300 Kilometern von einem „Tornado"-Kampfflugzeug abgefeuert werden. Danach fliegt er sein Ziel mit hoher Unterschallgeschwindigkeit im Tiefflug an. Durch solche Flugkörper braucht die Trägermaschine nicht mehr in den Aktionsbereich der gegnerischen Flugabwehr einzudringen.

Die Lenkwaffe ist modular aufgebaut. Si erhält für verschiedene Ziele jeweils den pas senden Sprengkopf. „Taurus" kann Punktziel wie verbunkerte Kommandostände, Stellun gen von Flugabwehrraketen oder andere Bodentruppen oder sogar Schiffe treffen, di in einem Hafen vor Anker liegen. Dann träg „Taurus" einen zweistufigen Sprengkopf. De bohrt sich mit der ersten Explosion ins Zie hinein, und zerstört es mit der zweiten Außerdem kann der Marschflugkörper ein so genanntes „Pop Up"-Manöver fliegen. Er ras im Tiefflug heran, zieht vor dem Ziel hoch un schlägt nach einem kurzen Sturzflug ein.

Für den Einsatz gegen Flächenziele wi Truppenkonzentrationen oder Flugplätz kann statt des Sprengkopfes ein Modul mi Submunition installiert werden. „Taurus würde dann sein Ziel überfliegen und dabe kleine Sprengkörper ausstoßen.

„Taurus" findet sein Ziel mit Hilfe eine hochentwickelten Navigationssystems. Ein In frarotsensor in der Spitze sucht das Geländ vor der Lenkwaffen ab. Der Bordrechner ver gleicht das Bild mit gespeicherten Karten un

Ein „Taurus"-Marschflugkörper beim Testflug im September 1999. Bild: WTD 61 via EAD

Die „Tornados" des MFG 2 werden erst nach 2005 kampfwertgesteigert. Bild: Autor

digitalen Bildern. Die Lenkwaffe orientiert sich an charakteristischen Geländemerkmalen wie Hügeln und Flussläufen. Ein Trägheitsnavigationssystem und ein integrierter GPS-Empfänger liefern zusätzliche Orientierung.

„Taurus" wird seit 1998 für die Bundesluftwaffe entwickelt. Am 4. Oktober 1999 machte er über dem schwedischen Testgelände Vidsel seinen ersten freien Flug. Der zweite Flug folgte im September 2000. Inzwischen testete die Bundesluftwaffe auch das bildgestützte Navigationssystem. Bei einem Tragflug unter einem Tornado fand der „Taurus"-Bordrechner 19 von 20 eingegebenen Wegpunkten. Die Luftwaffe hat mittlerweile für den Kauf der neuen Lenkwaffe grünes Licht und will schon 2003 die ersten Exemplare übernehmen. Damit bekommt die „Tornado"-Flotte endlich die Kapazitäten, mit denen man in den achtziger Jahren ihren Kauf gerechtfertigt hatte. Auch die Royal Air Force rüstet ihre „Tornados" mit Marschflugkörpern aus – und zwar mit der British Aerospace „Storm Shadow".

Die HARM-Lenkwaffen der ECR-"Tornados" sollen auf Block 6-Standard gebracht werden. Die HARM-Rakete wird mit einem GPS-Empfänger und einem Trägheitsnavigationsgerät ausgesrüstet. So kann sie die Position einer Radarstellung speichern, auch wenn die Bedienungsmannschaft ihr Gerät abgeschaltet hat. Zur Zeit suchen sich HARM-Raketen in solchen Fällen einen anderen Sender.

Zu einem späteren Zeitpunkt könnte „Armiger" die HARM-Lenkwaffen ersetzen. „Armiger" ist ein Flugkörper mit Staustrahlantrieb. Er trägt neben einem passiven Radarsensor auch einen Infrarotsensor in der Nase und könnte getarnte Flugabwehrradars auch dann aufspüren, wenn die Bedienungsmannschaft das Radar abgeschaltet hat, um der Bedrohung durch SEAD-Flugzeuge zu entgehen. Über einen Datalink kommuniziert „Armiger" mit seinem Trägerflugzeug. Die Besatzung könnte ihn so auch während des Fluges zu einem anderen Ziel steuern. Die Lenkwaffe erreicht eine Geschwindigkeit von Mach 3 und fliegt etwa 200 Kilometer weit. Ein ECR-„Tornado" könnte mit vier dieser Lenkwaffen bewaffnet werden. Erste Schießversuche fanden im Herbst 2001 statt. Im Sommer 2001 wurden Flugtests mit den beiden Sensoren durchgeführt.

Eine Entscheidung über den Kauf der „Armiger"-Rakete ist noch nicht gefallen. Sie könnten jedoch zwischen 2008 und 2012 die HARM-Flugkörper ersetzen.

Möglicherweise ersetzt die im Rahmen einer europäischen Kooperation entwickelte IRIS-T-Lenkwaffe die „Sidewinder"-Raketen an den deutschen „Tornados". Die Lenkwaffe ist etwa 3 Meter lang und wiegt knapp 90 Kilogramm. Der Infrarotsuchkopf hat ein Sichtfeld von 90 Grad nach allen Seiten. Er kann so den gesamten Luftraum vor dem Flugzeug erfassen. Die Rakete hat einen größeren Erfassungsradius als die „Sidewinder" oder die russische „Archer"-Rakete. Außerdem statteten die Entwickler die neue Rakete einer Steuerung aus, die Steuerflächen mit Strahlrudern im Triebwerk verbindet. Der Schubstrahl kann so in jeder beliebige Richtung gelenkt werden.

Die Marineflieger interessieren sich außerdem für ein besseres Radar, das sogenannte „Tornado Nose Radar". Das kann bereits aus 40 Seemeilen Entfernung genaue Radarbilder von Schiffen liefern und sie mit gespeicherten Schiffskonturen abgleichen. Es erkennt, ob das Kampfflugzeug eine englische Fregatte, einen russischen Zerstörer oder ein belgisches Handelsschiff vor sich hat. Mit ihrem jetzigen Radar müssen sich die Marineflieger einem Schiff auf zwei Seemeilen nähern, um genau dieselben Informationen zu erhalten.

Ein „Tornado"-Nachfolger?

Die Luftwaffe wird mittelfristig die „Tornado"-Jagdbomber durch den „Eurofighter" ersetzen. Die Jagdbombergeschwader 31 und 33 erhalten ab 2007 74 für den Einsatz als Jagdbomber optimierte Maschinen. Ab 2009 sollen die Geschwader mit dem neuen Kampfflugzeug das gesamte Aufgabenspektrum des Luftangriffs bis hin zum Einsatz von Präzisionswaffen abdecken. Dagegen werden die Aufklärer in Jagel und das JaboG 32 auch über das Jahr 2020 hinaus den „Tornado" fliegen. Die Luftwaffe will deren Maschinen durch modernisierte Ausrüstung und Bewaffnung einsatzfähig halten.

Überlegungen der Marine stellen die Fähigkeit, schnell in Krisengebieten präsent zu sein und dort mit anderen Nationen zusammen zu operieren, in den Vordergrund. Worauf sich die „Tornado"-Besatzungen für die Zukunft einstellen, zeigt die Verlegung von Kampfflugzeugen, Besatzungen und Bodenpersonal im Rahmen von „Linked Seas". Einen „Tornado"-Nachfolger bei den Marinefliegern wird es jedoch nicht vor 2020 geben. „Dann könnte das auch ein Flugzeug sein, das von Trägern operieren kann", sagt Korvettenkapitän Broder Nielsen vom Marinefliegergeschwader 2. Möglicherweise würde sich dann eine Staffel deutscher Marinejagdbomber vom Flugzeugträger eines NATO-Verbündeten an multinationalen Einsätzen beteiligen. Das könnte auch im Rahmen einer integrierten, europäischen Marinestreitmacht geschehen. Über dieses maritime Pendant zum Eurokorps wird zur Zeit diskutiert. Welcher Flugzeugtyp jedoch die Nachfolge der Marine-"Tornados" antreten wird, ist völlig offen.

Allerdings schränken die Träger-Plattformen in Europa die Wahl eines trägerfähigen Typs bereits ein. Nur der französische Atomträger „Charles DeGaulle" ist ein konventioneller Flugzeugträger mit Katapulten und Bremsseilen, in die ein landender Jet mit dem Fanghaken greift und so zum Stehen gebracht wird. Alle anderen Schiffe sind wesentlich kleiner und haben außer Hubschraubern „Harrier"-Senkrechtstarter an Bord. Trägerkampfflugzeuge wie die amerikanische F-18 oder die französische „Rafale" können auf ihnen weder landen noch starten. Zu diesen Schiffen gehören neben der englischen „Invincible"-Klasse die spanische „Principe di Asturias" und die italienische „Guiseppe Garibaldi". Die Royal Navy erhält zwar ab 2010 zwei neue 50.000 Tonnen-Träger, und auch Italien baut einen zweiten, etwas größeren Flugzeugträger. Aber auch diese Schiffe werden mit Senkrechtstartern bestückt werden. Sollte sich die Bundesmarine also mit ihrem Wunsch nach einem trägerfähigen Kampfflugzeug durchsetzen, ist der amerikanische Joint Strike Fighter eine realistische Option. Von diesem Flugzeug wird auch eine trägerfähige Senkrechtstarter-Variante entwickelt, und nur die könnte von allen europäischen Trägerschiffen aus starten.

Der Joint Strike Fighter (JSF) soll eine ganze Generation von älteren Kampfjets ersetzen. Der amerikanische Luft- und Raumfahrtkonzern Boeing schickt die X-32 ins Rennen. Die Konkurrenz: Die X-35, ein Jäger, an dem das US-Unternehmen Lockheed-Martin und der britische Konzern British Aerospace Systems gemeinsam arbeiten. Beide Teams haben mittlerweile je zwei Prototypen gebaut und mit den Testflügen begonnen. Die Produktion soll zum Ende dieses Jahrzehnts anlaufen.

Der JSF soll etwa 7 Tonnen Waffen in Waffenschächten befördern. Es wird drei JSF-Varianten geben: Die US Air Force sucht ein konventionelles taktisches Kampfflugzeug. Die Version für die amerikanischen Marineflieger dagegen soll von Flugzeugträgern aus operieren können. Die dritte JSF-Variante birgt die größten Entwicklungsrisiken. Denn das US Marine Corps und die britischen Streitkräfte brauchen neue Senkrechtstarter. Das heißt: Ihr JSF muss ein völlig anderes Triebwerk haben als die beiden anderen Versionen. Boeing und Lockheed-Martin schlagen verschiedene Lösungen für diese Fähigkeit vor.

Gemeinsam ist beiden Flugzeugen, dass ihre Triebwerke über bewegliche Schubdüsen verfügen. Sie machen die dritte JSF-Version in der Luft wendiger und verkürzen ihren Rollweg beim Start. Für die Landung benutzt Boeings X-32 ein System von kleineren und beweglichen Schubdüsen, die zu diesem Zweck ausgefahren werden. Die große Düse am Heck wird verschlossen und der Schub durch ein Klappensystem an die Unterseite des Flugzeugs geleitet.

Auch Lockheed-Martins X-35C hat eine bewegliche Schubdüse am Heck. Aber sie zeigt bei der Landung senkrecht nach unten. Ein weiterer Teil des Schubs kommt aus beweglichen und ausfahrbaren Steuerdüsen. Außerdem verfügt die X-35C für die senkrechte Landung über einen zusätzlichen Gebläsesatz. Er ist senkrecht kurz hinter dem Cockpit eingebaut und wird vom Düsentriebwerk angetrieben. Außerdem kann das Gebläse bei der Landung 15 Grad vorwärts und 60 Grad rückwärts bewegt werden, um dem Flugzeug Stabilität zu geben. Beim Start und Geradeausflug ist es nicht aktiv.

Zu den Partnern des JSF-Programmes gehören nicht nur die USA und Großbritannien. Die Royal Air Force und die Royal Navy sehen die senkrechtstartende JSF-Version als Nachfolger ihrer „Harrier"-Jets. Großbritannien wird 600 Millionen Pfund in den JSF investieren, damit das Flugzeug auch britische Sicherheitsstandards erfüllt. Dänemark, Norwegen und die Niederlande tragen ebenfalls einen Teil der Entwicklungskosten. Auch Singapur, Italien, Israel und die Türkei steuern Entwicklungsgelder bei. Italien sucht wie Großbritannien nach einem Nachfolger für

Die Lockheed-Martin X-35C bei einem Senkrechtstart. Bild: Lockheed-Martin

Boeings X-32 hebt zu einem Testflug ab. Bild: Boeing

seine trägergestützten „Harrier". Außerdem hat das „Joint Strike Fighter Programme Office" Gespräche mit deutschen und brasilianischen Vertretern über eine denkbare Beteiligung an der Produktionsphase des JSF-Programms geführt.

Luftangriffssysteme der Zukunft

Zur Zeit beschäftigt sich nur Großbritannien mit konkreten Planungen für einen neuen schweren Jagdbomber. Die englischen Studien für einen „Tornado"-Nachfolger laufen unter der Kürzel FOAS. FOAS steht „Future Offensive Air System" und betrachtet ein breites Spektrum an Optionen: Einen Einsitzer als Jagdbomber, einen Zweisitzer für Präzisionsangriffe, Langstreckeneinsätze, für die SEAD-Rolle oder auch als Führungsflugzeug für Strike Packages oder Kampfdrohnen. FOAS soll wie der Tornado Präzisionsangriffe im Tiefflug fliegen und zusammen mit neuartigen Kampfdrohnen Einsätze fliegen. Außerdem soll er wendig genug sein, um gegen feindliche Jäger kämpfen zu können.

Die ersten Studien begannen in den frühen neunziger Jahren, als die RAF nach Ersatz für ihre Angriffsflugzeuge der Typen „Tornado", „Harrier" und „Jaguar" suchte. Diese Arbeit bestätigten den Bedarf nach einem Langstrecken-Bombenträger als Ersatz für den „Tornado". An die Stelle der „Jaguar"-Maschinen sollen speziell ausgerüstete „Eurofighter" treten, während die „Harrier"-Senkrechtstarter wahrscheinlich durch den JSF ersetzt werden.

1997 begann die RAF mit Machbarkeitsstudien, um die verschiedenen Optionen genauer zu prüfen. Am einfacheren Ende des Spektrums befinden sich Upgrades vorhandener Flugzeuge. So könnte die „Tornado"-Flotte über die Jahre 2015/2020 hinaus im Einsatz

Ein einsitziges Kampfflugzeug wie dieses könnte aus den FOAS-Studien entstehen. Bild: BAe Systems

bleiben. Sie könnte aber auch durch „Eurofighter" oder ebenfalls den JSF ersetzt werden. Allerdings würden die „Tornados" möglicherweise durch ihr Alter höhere Wartungskosten bedeuten. Und ein „Eurofighter", der für Langstreckenangriffs-Missionen geeignet ist, bräuchte neue Sensoren und eine andere Avionik. Eine weitere Möglichkeit ist die Entwicklung eines maßgeschneiderten neuen Kampfflugzeugs mit Stealth-Eigenschaften und fortgeschrittener Avionik. Im nationalen Alleingang wäre sie aber wohl kaum zu finanzieren. Tatsächlich sprechen die hohen Entwicklungskosten und die Investitionen in die Ausbildung der Besatzungen eher gegen ein bemanntes Waffensystem. Auch die schwerwiegenden menschlichen und politischen Konsequenzen von eigenen Verlusten im Kampf sprechen eher für unbemannte Flugzeuge. Im Zweifelsfall wiegt eine abgeschossene Kampfdrohne weniger schwer als eine tote Bomberbesatzung.

Entsprechend breit ist die Palette unbemannter Flugkörper, die die RAF im Rahmen von FOAS untersucht. Kampfdrohen oder „UAV"s (Unmanned Aerial Vehicle) könnten Angriffe gegen stark verteidigte Ziele fliegen oder für die risikoreicheren Anteile der SEAD-Missionen übernehmen. Hier öffnet sich technisches Neuland. Die Drohnen der Gegenwart sind Aufklärungsplattformen. Sie bleiben lange und in großer Höhe auf Station wie die amerikanische „Global Hawk", oder sie fliegen Nahaufklärung über dem Gefechtsfeld.

Für Kampfeinsätze interessant wurden UAVs erst, als Fortschritte bei der Leistungsfähigkeit von Computern und bessere Datalinks es möglich machten, UAVs auch bei komplexen Missionen sicher vom Boden zu führen. Ein UAV kann extremer manövrieren, weil in der Maschine keine Menschen sitzen, auf deren Belastungsgrenze Rücksicht genommen werden müsste.

Mehrere FOAS-Studien untersuchen große Kampf-UAVs, die wie bemannte Flugzeuge von einem Fliegerhorst aufsteigen und nach der Mission dort auch wieder landen. Allerdings wären sie wegen ihrer Größe und Komplexität recht teuer. Sie könnten jedoch mit billigeren Waffen näher ans Ziel heranfliegen, so dass ein solcher UAV doch preiswerter zu haben wäre als ein bemannter Jagdbomber. Eine zweite Variante sind kleinere Kampf-UAVs, die speziell für SEAD-Missionen oder Angriffe gegen stark verteidigte Ziele gebaut würden. Sie könnten einem Verband von Kampfflugzeugen oder größeren UAVs vorausfliegen und die Luftabwehr vor dem eigentlich en Angriff schwächen. Die dritte und kleinste UAV-Variante ist ein kleiner, luftgestützter Flugkörper, der ähnlich wie ein Marschflugkörper von einem Trägerflugzeug in die Nähe seines Einsatzgebiets gebracht werden würde. Der Nachteil dieser UAVs wäre, dass sie nur einige wenige Sensoren und eine kleine Waffenlast befördern könnten. Andere UAVs könnten als Aufklärungsplattformen dienen. Allerdings würde die RAF wahrscheinlich ein System wie die „Global Hawk" kaufen. Ein

Die X-47 ist ein Technologieträger für eine neuartige Kampfdrohne. Bild: Northrop-Grumman

Teil der Angriffsaufgaben könnte auch durch eine neue Generation von Marschflugkörpern erfüllt werden, die von umgerüsteten Transportern gestartet werden könnte.

FOAS befindet sich zur Zeit in der Definitionsphase. Um 2005 könnte ein oder mehrere Technologie-Erprobungsträger fliegen. Danach könnte sich eine bis etwa 2015 dauernde Entwicklungsphase anschließen. Der Beginn der Produktion wäre zwischen 2012 und 2015 denkbar. Wahrscheinlich wird es keinen expliziten „Tornado"-Nachfolger geben, sondern ein digital vernetztes Luftangriffssystem, in dem bemannte Kampfflugzeuge, UAVs und Marschflugkörper gemeinsam operieren.

Wie Kampf-UAVs wahrscheinlich aussehen werden, zeigen amerikanische Programme. Die U.S. Air Force und die U.S. Navy arbeiten an Angriffs-UAVs, die die gegnerische Luftabwehr angreifen sollen. Northrop Grumman stellte am 30. Juli 2001 einen fliegenden Technologieträger vor – die X-47A „Pegasus".

„Pegasus" ist ein kleiner, deltaförmiger Nurflügler mit einem schmalen Lufteinlauf über dem Bug. Er soll mit einer Reihe von Versuchsflügen zeigen, wie UAVs von Flugzeugträgern aus operieren können. Die Ergebnisse dieser Tests werden ins UAV-N-Programm der amerikanischen Marine einfließen. Ein Prototyp könnte 2008 fliegen. Boeing schlägt der U.S. Air Force einen schwanzlosen Flugkörper mit „Stealth"-Eigenschaften vor. Während die zukünftigen Kampfdrohnen der amerikanischen Luftwaffe primär das Luftverteidigungssystem eines Gegners treffen sollen, stellt sich die U.S. Navy ein UAV vor, das auch für Auklärungsmissionen und taktische Angriffseinsätze geeignet sein soll.

Keiner dieser UAVs wird jedoch bemannte Kampfflugzeuge wirklich ablösen. Sie sollen Missionen mit besonders hohem Risiko übernehmen.

Und die U.S. Navy untersucht, ob durch UAVs auch Kriegsschiffe einen eigenen Luftschirm bekommen können, die sich bisher auf eine Trägerkampfgruppe oder Landflugzeuge verlassen mussten – Zerstörer oder Sturmlandungsschiffe beispielsweise.

Auch die amerikanischen Luftstreitkräfte wollen ihre UAVs im Rahmen eines neuen, vernetzten Führungssystems einsetzen, dem „digital battlespace" oder digitalen Gefechtsraum. Der setzt aber sichere und leistungsfähige Datalinks, störsichere Funkverbindungen und ein engmaschiges Netz aus Bodenstationen, luftgestützten Sensorplattformen, Satelliten und fliegenden Relaisstationen voraus, das es so noch nicht gibt.

Ob aus diesen Studien und Versuchsträgern einsatzbereite Waffensysteme entstehen, bleibt abzuwarten. Wie das Ergebnis der FOAS-Entwicklung aussieht, und welches Kampfflugzeug die Nachfolge der deutschen „Tornados" bei Aufklärern, SEAD-Kräften und Marinefliegern antreten wird, hängt nicht zuletzt von den wirtschaftlichen Gegebenheiten der kommenden Jahre ab.

Die Luftwaffe verfolgt die UAV-Projekte mit großem Interesse. Denn die Jobs von SEAD-Fliegern und Aufklärern sind mit einer hohen Bedrohung für die Besatzungen verbunden. Unbemannte Kampfflugzeuge könnten helfen, diese Risiken zu senken. Unbeantwortet bleibt jedoch die Frage, wie diese Flugkörper hinreichend autonom gemacht werden können, um ähnlich flexibel zu agieren wie ein bemanntes Flugzeug.

Denkbar sind UAVs für Spezialeinsätze. Allerdings rechnet die Luftwaffe nicht vor 2020 mit einsatzbereiten Systemen.

Anhang

Panavia 200 „Tornado" MRCA – Meilensteine in der Geschichte eines Kampfflugzeugs

Mitte der sechziger Jahre
Deutsch-Amerikanische Studie für ein „Advanced V/STOL Weapon System"

1967
Mehrere NATO-Länder, darunter Deutschland und Italien, erkennen die Notwendigkeit, in den 80er Jahren ein neues Kampfflugzeug als Ersatz für die F-104G zu beschaffen

1967
Deutschland untersucht im Rahmen der NKF-Studie, wie ein zukünftiges Mehrzweckkampfflugzeug aussehen könnte

Januar 1968
Führende Militärs aus den vier Ländern des „Starfighter"-Konsortiums (Deutschland, Italien, Belgien, Kanada und die Niederlande) setzen eine Arbeitsgruppe ein, die die Anforderungen an einen „Starfighter"-Nachfolger festlegen soll

Juli 1968
Belgien und Kanada scheiden aus; das erste Memorandum of Understanding über die Definitionsphase wird unterzeichnet

September 1968
Großbritannien beteiligt sich an der Entwicklung des neuen Kampfjets

26. März 1969
Gründung der Panavia Aircraft GmbH durch die British Aircraft Corporation (heute British Aerospace Systems), Fiat Aviazione, Messerschmitt-Bölkow (heute EADS) und Fokker

Mai 1969 bis Februar 1970
Definitionsphase

14. Mai 1969
Unterzeichnung des General Memorandum of Understanding über die gemeinsame Entwicklung und Produktion

1. Juni 1969
Gründung der Turbo-Union Ltd zum Bau des neuen Triebwerks

Juli 1969
Die Niederlande und Fokker scheiden aus dem Programm aus

1. September 1969
Gründung der Management-Organisationen: NAMMA (Nato MRCA Development and Production Management Agency) ist ausführendes Organ für NAMMO (NATO MRCA Development and Production Management Organization)

1. Mai 1970
Beginn der Entwicklung

11. August 1972
Der Haupt-Entwicklungsvertrag zwischnen NAMMA und Panavia wird unterzeichnet

15. März 1973
Die Vorbereitungen für den Serienbau beginnen

14. August 1974
Erstflug des ersten Prototypen bei MBB in Manching; Beginn der Flugerprobung

30. Oktober 1974
Start des ersten britischen Prototypen in Warton/UK

5. Dezember 1975
Start des ersten italienischen Prototypen in Caselle/Italien

März 1976
Die Luftwaffenchefs der Partnerländer empfehlen ihren Regierungen, das neue Kampfflugzeug in Serie gehen zu lassen. Außerdem bekommt es auch offiziell den Namen „Tornado"

5. März 1976
Die Entwicklung der britischen Jägerversion „Tornado" ADV beginnt.

29. Juli 1976
Unterzeichnung des Vertrages für das erste Los von 40 Flugzeugen

1978
Der Bundesrechnungshof warnt in seinem Jahresbericht vor den steigenden Kosten des „Tornado"-Programms

8. Mai 1979
Unterzeichnung des Memorandums of Understanding über das zukünftige Trinational Tornado Training Establishment (TTTE) in Cottesmore für die Ausbildung der „Tornado"-Besatzungen

Juni 1979
Roll-out der ersten „Tornado"-Serienmaschine

April 1980
Ankunft der ersten „Tornado"-Maschinen in Cottesmore

Januar 1981
Offizielle Eröffnung des TTTE

Frühjahr 1981
Der Verteidigungsausschuß des deutschen Bundestages konstituiert sich als Untersuchungsausschuß und nimmt die Kostenexplosion des deutschen „Tornado"-Programms unter die Lupe

März 1982
Der Ausschuß legt seinen Abschlußbericht vor.

1. Juni 1982
Die No. 9 Squadron der RAF rüstet auf den „Tornado" um

2. Juli 1982
Das Marinefliegergeschwader 1 in Jagel erhält die ersten „Tornados"

27. August 1982
Bei der 6 Stormo in Ghedi stellt die italienische Luftwaffe ihre ersten „Tornados" in Dienst

1983
Die für die Waffensystemausbildung auf dem „Tornado" verantwortliche Waffenschule 10 der Luftwaffe verlegt nach Jever und wird in Jagdbombergeschwader 38 umbenannt

August 1983
Das JaboG 31 nimmt mit „Tornados" seinen Flugbetrieb auf

März 1984
Erstflug des britischen „Tornado"-Jägers

1984
Das JaboG 32 in Lechfeld erhält die ersten „Tornados"

1985
Die Bundesluftwaffe entscheidet sich für die Beschaffung von 35 ECR-"Tornados"

26. September 1985
Die britische unddie saudische Regierung unterzeichnen einen Vertrag über die Lieferung von 48 IDS-"Tornados" und 24 ADV-Maschinen an die saudische Luftwaffe

September 1985
Beim JaboG 33 treffen die ersten „Tornados" ein

Sepbember 1986
Das Marinefliegergeschwader 2 in Flensburg/Tarp rüstet auf den „Tornado" um

Oktober 1987
Das JaboG 34 beginnt mit der Umrüstung auf das neue Kampfflugzeug

Juli 1988
Großbritannien und Saudi-Arabien vereinbaren die Lieferung eines zweiten Loses von 48 Maschinen an die saudische Luftwaffe

18. August 1988
Erstflug des ersten ECR-"Tornados"

28. Februar 1989
Das 99. und letzte Flugzeug wird an die italienische Luftwaffe übergeben

Oktober/November 1989
Das JaboG 32 nimmt als erster Luftwaffenverband an „Red Flag" teil

3. Mai 1990
Ablieferung der ersten ECR-Maschine aus der Serie an die WTD 61

Mai 1990
Das JaboG 38 erhält die ersten ECR-"Tornados" und stellt mit den Flugzeugen eine zweite fliegende Staffel auf

5. Mai 1991
Beim JaboG 32 treffen die ersten ECR-"Tornados" ein

28. Januar 1992
Die Luftwaffe übernimmt die letzte Serienmaschine, Kennzeichen 46+57

9. November 1992
Lieferung der letzten IDS-Maschine an die RAF

1993
Das JaboG 38 gibt seine ECR-Maschinen an des Lechfelder Geschwader ab und fliegt nur noch IDS-Maschinen

4. März 1993
Lieferung des letzten „Tornado"-Jägers an die RAF

21. Dezember 1993
Das Marinefliegergeschwader 1 in Jagel stellt außer Dienst. Gleichzeitig stellt das Aufklärungsgeschwader 51 „Immelmann" mit den Maschinen des aufgelösten Geschwaders sowie Soldaten des früheren MFG 1 und verschiedener aufgelöster Luftwaffenverbände in Dienst

Januar 1995
„Tornado"-Aufklärer des AG 51 überfliegen Hochwassergebiete am Rhein und liefern wertvolle Informationen zur Einschätzung der Schäden

April 1995
Panavia und NAMMA schließen einen Entwicklungsvertrag über die neue Avionikstruktur der deutschen und italienischen Maschinen. Ziel: Integration neuer Waffen

August 1995
Aufstellung des Einsatzgeschwaders 1 in Piacenza/Italien. Der Verband fliegt mit 8 ECR-Maschinen und 6 Aufklärern Einsätze zur Unterstützung von UN- bzw NATO-Operationen über dem ehemaligen Jugoslawien

7. August 1995
Erster Einsatzflug von drei ECR-Maschinen über Bosnien

22. August 1995
Erster Einsatzflug von zwei Aufklärern

29. August
13. September
Deutsche „Tornados" fliegen Kampfeinsätze im Rahmen von Operation „Deliberate Force"

Dezember 1995
Das EG 1 beginnt mit Flügen zur Unterstützung der IFOR in Bosnien

Mai 1996
Das Taktische Ausbildungskommando der Luftwaffe auf der Holloman AFB nimmt seinen Betrieb auf. Die Luftwaffe beginnt damit, die Ausbildung der „Tornado"-Besatzungen von Cottesmore ins amerikanische Holloman zu verlegen

September 1998
Die „Tornado"-Produktion endet mit der Auslieferung der letzten Maschine an die saudische Luftwaffe. Ingesamt wurden 974 Maschinen gebaut

24. März 1999 bis 3. Juni 1999
Das EG 1 fliegt Kampfeinsätze im Rahmen von Operation „Allied Force"

2. Juli 1999
Rückkehr der ECR-"Tornados" nach Lechfeld. Drei Aufklärer bleiben zur Überwachung des Waffenstillstandes in Piacenza

4. Oktober 1999
Erster Freiflug des Marschflugkörpers „Taurus" für die IDS-"Tornados" der Luftwaffe

Dezember 2000
Beginn der Entwicklungsarbeiten für ASSTA 2

März 2001
Operation „Blue Marlin" zur Erprobung lasergelenkter Bomben am „Tornado"

Juli 2001
Auflösung des EG 1 in Piacenza

Ab 2002
Das MFG 2 erhält die „Kormoran 2"-Lenkwaffe

Bis 2003
Auflösung des JaboG 34

Ab 2003
Einführung des „Taurus"-Marschflugkörpers

Ab 2005
Beschaffung der Hardware für ASSTA 2

Ab 2007
Ausrüstung des Jabo G 31 mit dem „Eurofighter"

Bis 2009
Abschluß ASSTA 2

Ab 2012
Ausrüstung des Jabo G 33 mit dem neuen Kampfflugzeug „Eurofighter"

Die fliegerische Ausbildung auf einen Blick

Monate	Station	Ort
12	**Grundausbildung und Ausbildung zum Offizier**	Offiziersschule der Luftwaffe/ Fürstenfeldbruck oder Offiziersschule der Marine/Flensburg
6-9	**Sprachausbildung**	Offiziersschule der Luftwaffe, Fürstenfeldbruck
2	**Vorbereitung und fliegerische Vorausbildung**	Goodyear AFB, Arizona
2	**Vorbereitung auf die fliegerische Ausbildung**	9. Inspektion der Offiziersschule der Luftwaffe, Fürstenfeldbruck
15	**Ausbildung zum Strahlflugzeugführer oder Waffensystem-Offizier**	Piloten: Sheppard AFB, Texas Waffensystemoffiziere: Pensacola NAS, Florida
7	**Waffensystemausbildung und Erwerb der Musterberechtigung für den „Tornado"**	Holloman AFB, New Mexiko
2	**Europäisierung und Instrumentenflug-Lizenz**	Jagdbombergeschwader 38 „Friesland", Jever
9 – 12	**Taktische Erstausbildung**	in den Einsatzverbänden

Tornado MRCA: Technische Daten

Aufgaben:
schwerer Jagdbomber, Aufklärer, Spezialflugzeug zum Einsatz gegen das feindlich Luftverteidigungssystem, Marinekampfflugzeug, Allwetterjäger

Hersteller:
Panavia Aircraft GmbH, EADS Militärflugzeuge (Deutschland), British Aerospac (Großbritannien), Alenia (Italien)

Eingesetzt von:
Deutschland, Großbritannien, Italien, Saudi Arabien

Triebwerke:
2 Turbo-Union RB 199 mit jeweils 38,7 kN (3945 kp) Standschub und 66 kN (6727 kp Schub mit Nachbrenner

Flugleistungen:
Höchstgeschwindigkeit
Mach 2,2 in 11.000 Metern Höhe, Mach 1, in Bodennähe
Aktionsradius:
1.200 Kilometer
Überführungsreichweite:
4.830 Kilometer
Steigzeit auf 9.145 Meter Höhe:
2 Minuten
Dienstgipfelhöhe:
15.240 Meter
Rollstrecke mit maximaler Last:
900 Meter
Besatzung:
2 Mann (Pilot und Waffensystem-Officer)
G-Belastung:
mehr als 7,5 g

Abmessungen:

Länge:

16,27 Meter

Höhe:

5,68 Meter

Spannweite:

13,90 Meter bei 25 Grad Pfeilung,

8,36 Meter bei 66 Grad Pfeilung

Spurweite

3,10 Meter

Radstand:

5,27 Meter

Rüstgewicht:

12.700 kg

Zuladung:

10.800 kg

Maximales Startgewicht:

32.500 kg

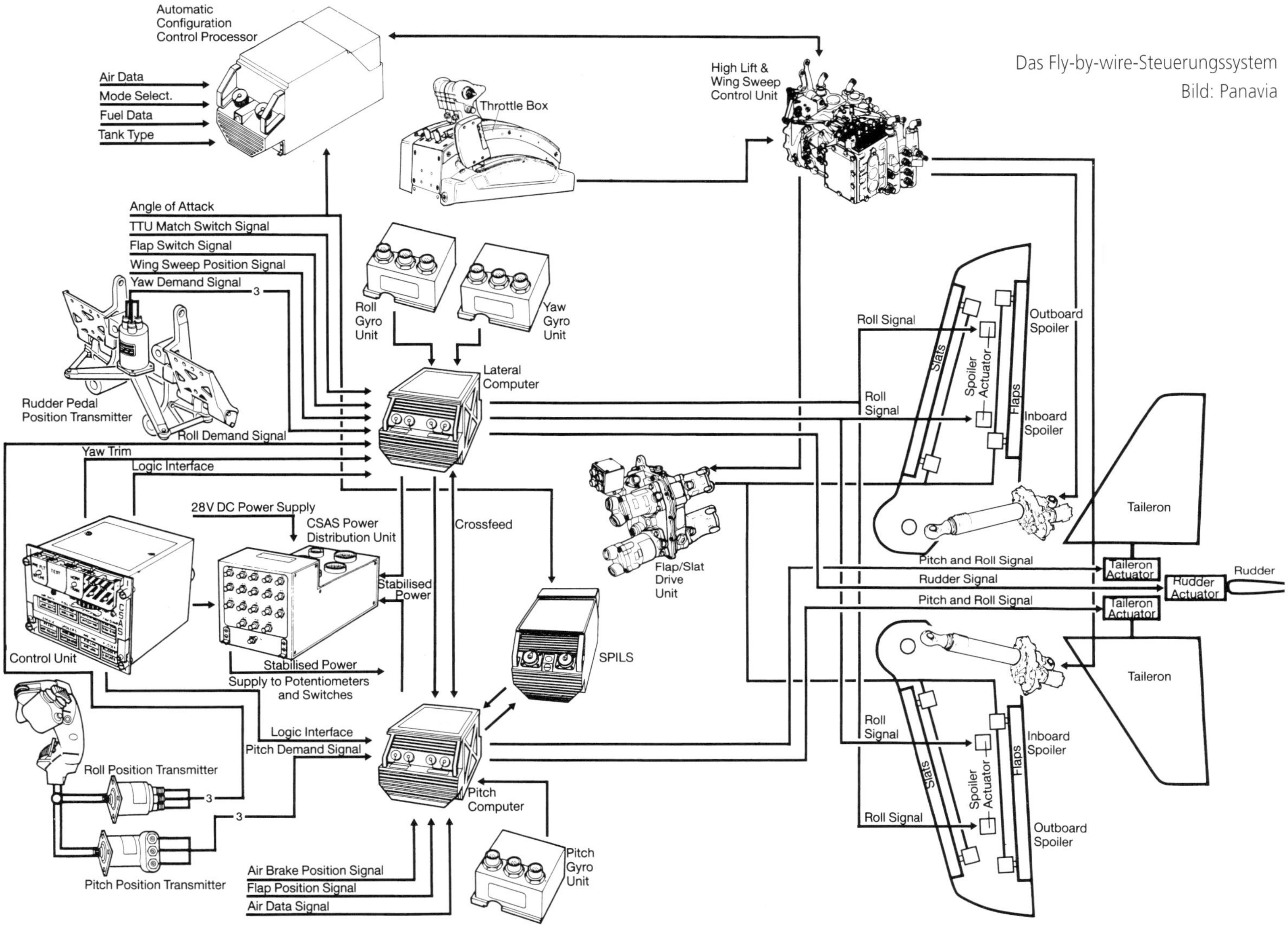

Das Fly-by-wire-Steuerungssystem
Bild: Panavia

Tornado MRCA: Bewaffnung

IDS und Aufklärer:

zwei 27 mm-MK IWKA-Mauser mit 250 Schuss

IDS, ECR und Aufklärer:

zwei AIM-9L „Sidewinder"-Raketen an Startschienen unter den beiden inneren Pylonen, an den beiden äußeren Pylonen je 1 BOZ-101-Täuschkörperbehälter und 1 „Cerberus III"/TSPJ-ECM-Behälter

IDS, ECR, Aufklärer:

maximal 8.200 kg Waffenlast

IDS/Luftwaffe:

ungelenkte Bomben verschiedener Kaliber, Submunitionswerfer MW-1

Aufklärer:

für den Einsatz aus großen Höhen bzw im Tiefflug ausgelegte Aufklärungsbehälter mit Kameras und Infrarotsensoren

ECR:

maximal vier AGM-88-Lenkwaffen unter dem Rumpf und an beiden inneren Pylonen IDS/Marineflieger: ungelenkte Bomben verschiedener Kaliber, bis zu vier „Kormoran"-Seeziellenkwaffen oder bis zu vier AGM-88 „HARM"-Lenkwaffen unter Rumpf und Flügeln, Aufklärungsbehälter mit Kameras und Infrarotsensor

Sonstige Lasten:

ein Buddy/Buddy-Behälter mit Luftbetankungsgerät zum Auftanken anderer Kampfflugzeuge, bis zu vier große Zusatztanks unter dem Rumpf und an den inneren Flügelpylonen, Behälter mit Übungsbomben unter dem Rumpf oder den inneren Pylonen

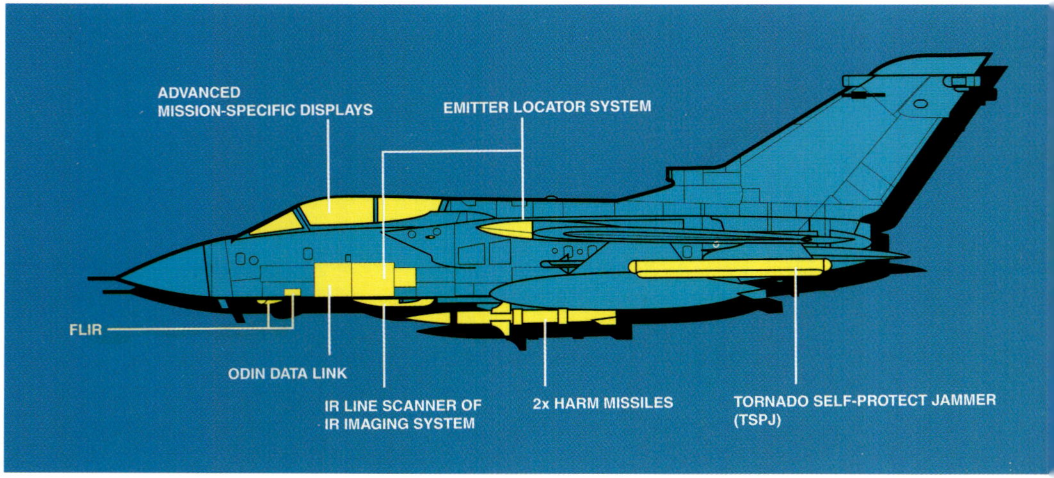

Die Systeme des ECR-„Tornado" Bild: Panavi

Jäger/ADV (fliegt für RAF, italienische Luftwaffe, saudische Luftwaffe):

1 27mm-MK IWKA-Mauser, vier AIM-9 „Sidewinder"-Raketen an den inneren Flügelpylonen, vier British Aerospace „Skyflash" oder vier AIM-120 AMRAAM-Lenkwaffen halbversenkt unter dem Rumpf

Dank

Der besondere Dank des Autoren für die Unterstützung bei der Recherche geht an:

Hauptmann Dr. Walter Löffler, Presse- und Informationszentrum der Luftwaffe

Beim Jagdbombergeschwader 32:
Major Ralph Englbrecht
Oberleutnant Hartwig Stein

Beim Jagdbombergeschwader 38 „Friesland“:
Major Detlev Schippmann
Hauptmann Georg Neumann
Oberstabsfeldwebel Christoph Schuster
Oberfeldwebel Heribert Schadendorf
Oberfeldwebel Marco Tamm

Beim Aufklärungsgeschwader 51 „Immelmann“: die **Majore Frank Aurin, Markus Göhler, Eberhard Jatzke und Bernd Runge**

Beim Marinefliegergeschwader 2:
Korvettenkapitän Broder Nielsen

Literatur und Quellen

Kapitel 1:

Presseartikel aus Flugrevue, Handelsblatt, Welt, Wirtschaftswoche, Die Zeit, Der Spiegel, Hamburger Abendblatt, Frankfurter Allgemeine Zeitung, Frankfurter Rundschau, Süddeutsche Zeitung, air international, air forces monthly

Informationsmaterial des Herstellers

Alfred W. Krüger, Tornado – Mehrzweckkampfflugzeug der NATO, Podzun-Pallas-Verlag, Friedberg 1981

Kapitel 2:

Recherchen bei den Verbänden: Jagdbombergeschwader 38 "Friesland", Aufklärungsgeschwader 51 "Immelmann", Jagdbombergeschwader 32, Marinefliegergeschwader 2

air forces monthly, April 2000

Zur SEAD-Rolle: David A. Anderton, North American F-100D "Super Sabre", Osprey Publishing Limited, London 1987; Tom Clancy, Every Man A Tiger, Penguin Putnam 1999; Tony Thornborough, Frank B. Mormillo, Wild Weasels, Osprey Publishing Limited, London 1992

Flug Revue, 6/2001

Bernd Vetter/Frank Vetter: Die Verbände der Bundesluftwaffe, Stuttgart 1996

Kapitel 3:

Presseartikel aus air international, air forces monthly, combat aircraft, Flugrevue

Roger Chesneau, Aeroguide 22: General Dynamics F-111E/F, Linewrights Ltd, Ongar 1988; Bert Kinzey, F-111 in detail and scale, Tab Books/Airlife Publishing, Shrewsbury 1988; Yefim Gordon, Flankers – The New Generation, Midland Publishing, Hinckley 2001

Kapitel 4:

Recherche bei den Verbänden

Informationsmaterial des Presse- und Informationszentrums der Luftwaffe

Kapitel 5:

Recherche bei den Verbänden

Kapitel 6:

Recherche bei den Verbänden

Vetter, Die Verbände der Bundesluftwaffe

Über Red Flag: Tom Clancy, Every Man A Tiger; Flugrevue, diverse Jahrgänge

Kapitel 7:

Recherche beim JaboG 32 und beim AG 51

Walter Jertz, Im Dienste des Friedens, Bernard und Graefe Verlag, 2. Auflage Bonn 2000; Tim Ripley, Conflict in the Balkans 1991-2000, Osprey Publishing Limited, Oxford 2001; Matthias Rüb, Kosovo – Ursachen und Folgen eines Krieges in Europa, München 1999; Viktor Meier, Wie Jugoslawien verspielt wurde, 3. Auflage, C.H. Beck-Verlag, München 1999

Kapitel 8:

Recherche bei den Verbänden und über PIZ Luftwaffe

Pressestelle der Royal Air Force

Informationsmaterial der Hersteller Panavia, EADS, Bodenseewerk Gerätetechnik

air forces monthly 7/2000 und 6/1998, air international 9/1999

Literatur zum Abheben:

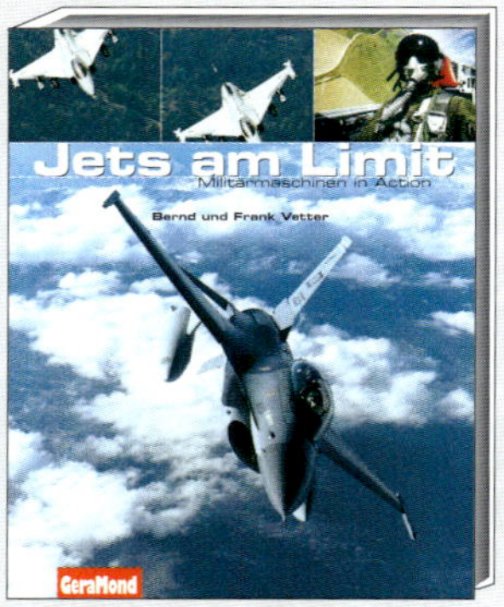

Der Bildband zeigt in atemberaubenden Aufnahmen Militärjets an den Grenzen der Belastbarkeit für Pilot und Maschine. Viele Jets in Actionaufnahmen knapp über dem Boden und am Rande der Stratosphäre lassen den Leser in Gedanken beim Formationsflug, im Tiefstflug oder Zielschleppflug dabei sein. Faszination Luftfahrt für jedermann!

Bernd u. Frank Vetter
Jets am Limit
128 Seiten mit ca. 140 Abbildungen, vierfarbig, Format 24 x 30 cm,
€ 24,90
ISBN 3-932785-83-5

Mit Flugbooten, die von Katapultschiffen aus starteten, baute die Lufthansa die Luftpoststrecke über dem Südatlantik auf. Für Piloten und Flugzeuge war dieser erste planmäßige Transozeandienst eine große Herausforderung. In zeitgenös-sischen Illustrationen erinnert das Buch an eine der größten Pionierleistungen der Lufthansa.

Jürgen Rosenstock
Flugboote über dem Atlantik
128 Seiten mit 10 Abbildungen, Format 24 x 30 cm,
€ 24,90
ISBN 3-7654-7225-5

Nach dem Zweiten Weltkrieg eroberten die neuen, schnellen Jet-Fighter die Luftwaffen der Welt. – Das große Typenalbum der ersten strahlgetriebenen Kampfflugzeuge mit faszinierende Farbfotos aus drei Jahrzehnten!

Martin W. Bowman
Düsenjäger
112 Seiten mit 140 Abbildungen, Format 24 x 30 cm,
€ 24,90
ISBN 3-7654-7231-X

Dieser einzigartige Band, der sich mit den Jagdflugzeugen des zweiten Weltkriegs beschäftigt, enthält 36 der berühmtesten Typen des Deutschen Reichs, Englands und Amerikas.

Gerhard Siem
Militärmaschienen der Welt
128 Seiten mit ca. 160 Abbildungen, Format 24 x 24 cm,
€ 19,90
ISBN 3-932785-85-1

Das Buch zeigt die Entwicklung und den Werdegang eines der ersten strahlgetriebenen Passagierflugzeuge – hochwertig illustriert und fundiert verfasst.

Bernd Vetter
Douglas DC-8
128 Seiten mit ca. 150 Abbildungen, Format 24 x 24 cm,
M 19,90
ISBN 3-932785-86-X

Mit diesem Flugzeug begann nicht nur die Jet-Ära des zivilen Luftverkehrs, sondern auch der Aufstieg von Boing zum führenden Flugzeughersteller der Welt. Mit zahlreichen historischen Abbildungen zeigt dieses Buch die Erfolgsstory der 707.

Hans-Jürgen Becker
Boeing 707
128 Seiten mit ca. 130 Abbildungen, Format 24 x 24 cm,
€ 19,90
ISBN 3-7654-7227-1

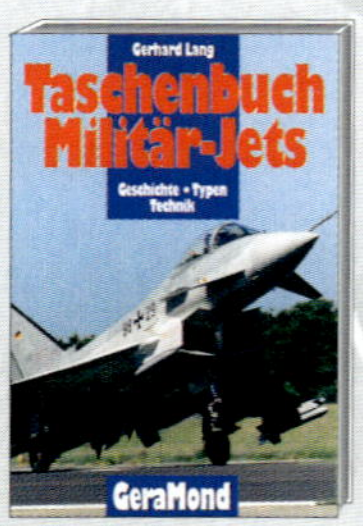

Gerhard Lang
Taschenbuch Millitärjets
191 Seiten mit ca. 180 Abbildungen, Format 11,5 x 16 cm,
€ 9,90
ISBN 3-7654-7220-4

Gerhard Lang
Taschenbuch Verkehrsflugzeuge
144 Seiten mit ca. 200 Abbildungen, Format 11,5 x 16 cm,
€ 9,90
ISBN 3-932785-80-0

Das Magazin über historische Flugzeuge:

Zehnmal jährlich neu im Zeitschriftenhandel. Nur € 4,60!

Erhältlich im Buchhandel oder direkt beim Verlag: www.geranova.de

GeraMond

GeraMond Verlag • 81664 München • Tel. 0180 – 532 16 16 • Fax 0180 – 532 16 20